HISTOIRE

NATURELLE

DE LA VIGNE ET DU VIN.

SE TROUVE CHEZ

DUPONT ET RORET, libraires, quai des Augustins.
MONGIE, libraire, boulevart des Italiens, n° 18.
PONTHIEU, libraire, Palais-Royal, Galeries de bois.
AUDIN, libraire, quai des Augustins.
JEANNIN, rue Vivienne.

OUVRAGES A PARAÎTRE.

La Cour de Hollande, 2e édition.

La Botanique en vingt-deux leçons.

La Minéralogie en quarante leçons.

Procès perdu, ou *Dernières étrennes offertes aux Jésuites.*

DE L'IMPRIMERIE DE GUIRAUDET,
RUE SAINT-HONORÉ, N° 315.

1. Etamines

2. Pistil sur le Fruit.

3. Corolle agrandie

4. Fruit avec ses pepins.

HISTOIRE

NATURELLE

DE LA VIGNE

ET

DU VIN,

SUIVIE

DE CONSIDÉRATIONS

RELATIVES A L'INFLUENCE DU VIN SUR L'HOMME.

PAR M. L. DEMERSON,

CHEVALIER DE LA LÉGION-D'HONNEUR, ET DOCTEUR
EN MÉDECINE DE LA FACULTÉ DE PARIS.

Quantum superbas vitis, humi licet
Prorepat, anteit fructibus arbores...

PARIS.

CARPENTIER, ÉDITEUR,

RUE DES FOSSÉS-SAINT-GERMAIN-L'AUXERROIS, N° 24.

1826.

AVERTISSEMENT.

On a écrit en notre langue plusieurs traités sur la vigne et sur le vin, parmi lesquels on distingue principalement celui de **M.** le comte Chaptal, pour l'étendue, la profondeur et la méthode. Avant et depuis la publication de cet excellent livre, plusieurs auteurs ont traité le même sujet; mais aucun d'eux ne paraît avoir porté sérieusement son attention sur le vin, considéré relativement à son action sur l'homme. Les auteurs étrangers, et surtout les médecins allemands, ont composé plusieurs thèses ou dissertations sur cette matière intéressante. C'est en lisant celle que Burmeistre publia à Gottingue, en 1797 (1), que je conçus l'idée et le plan de cet ouvrage, dans lequel j'ai réuni tout ce que j'ai trouvé de mieux pensé dans les divers auteurs sur la propriété ou vertu du vin, et ce que ma propre expérience m'a fait connaître. L'idée d'un pareil ouvrage est tout ce que j'ai emprunté au docteur allemand, plein d'érudition comme la plupart de ses confrères, mais imbu de préjugés et partageant des erreurs qu'il ne convient pas d'introduire dans un livre que j'adresse aux hommes éclairés de mon pays, qui depuis vingt-cinq ans

____

(1) *Dissertatio de Vini usu medico.* Gœtngæ, 1797.

ont traversé un siècle de lumières et de philosophie.

J'ai cru appeler un nouvel intérêt sur mon ouvrage en faisant précéder ce qui a rapport aux propriétés du vin des principales connaissances relatives à l'histoire naturelle de la vigne, à celle de sa culture et à celle de ses produits. C'est dans la même intention que j'ai composé les chapitres qui traitent de la vigne et du vin chez les anciens, de l'ivresse, etc.

Je supplie le lecteur bénévole de me montrer beaucoup d'indulgence : il faut excuser un peu de délire et d'abandon dans celui qui, pour louanger son meilleur ami, soumet sa raison à sa douce et bénigne influence : car il lui est bien difficile de suivre alors la ligne droite du géomètre, de garder la sévérité du logicien, et de conserver la rigoureuse exactitude du grammairien.

> . . . . Dulce periculum est
> O Lenæe, sequi Deum
> Cingentem viridi tempora pampino.
>
> HORACE.

HISTOIRE

NATURELLE

DE LA VIGNE

ET

DU VIN.

ORIGINE DE LA VIGNE.

———

Il y a peu de productions naturelles que l'homme ait fait servir à ses besoins sans les modifier et sans les altérer. La nature, si prodigue de végétaux nourrissans et de fruits savoureux dans les régions chaudes et tempérées du midi, en est fort avare dans les régions du nord, où l'on ne rencontre, au sein des forêts, que des fruits acerbes et indigestes, qu'il a fallu transformer en alimens plus doux, plus succulens et plus convenables à notre organisation : nous devons ce bienfait à l'agriculture. Cet art, si immédiatement lié au bonheur de l'homme, et qui a tant contribué à sa civilisation, a été apporté en Europe par des étrangers venus de l'orient, berceau originel de toute chose. Les Grecs, qui en ont reçu les premières notions, ont consacré les noms de ces bienfaiteurs de l'humanité(1), et leur ont élevé des autels. De l'orient de l'Europe, ces utiles connaissances passèrent à l'occident. Argos et Athènes étaient déjà florissantes par l'agriculture, que l'Italie, la Germanie, l'Espagne et les Gaules ne connaissaient encore ni le blé ni la vigne. Juvénal nous apprend (2) que les premiers Sabins se nourrissaient de gland. Pline dit que cette nourriture était fort en usage en Espagne et dans les Gaules. Cette dernière région était couverte de vastes forêts quand César y pénétra avec les armées romaines; la température y était probablement bien plus froide qu'elle ne l'est à présent : ce n'est que long-temps

____

(1) Cérès, Triptolème, etc.
(2) Juvénal, satire vi.

après cette invasion que la vigne y fut cultivée généralement, et que l'on goûta pour la première fois ces vins délicieux qui semblent appartenir exclusivement à notre sol (1).

Toutes les vignes de l'ancien continent et leurs nombreuses variétés ont leur origine dans une souche commune, dans une seule espèce, sauvage, agreste, que l'on rencontre fréquemment dans les forêts des pays tempérés, et qui y est connue sous le nom de *lambrusque* ou de *vigne sauvage*.

La vigne (2) est un arbrisseau sarmenteux, à

---

(1) On croit que la vigne fut introduite dans les Gaules par les Phocéens qui fondèrent Marseille (environ 5oo ans avant J.-C.). Les Romains, ayant porté la guerre dans l'Asie mineure, rapportèrent de ce pays des plants jusque alors inconnus en Italie, et dont la culture se propagea en Ligurie, dans la Gaule cisalpine et dans toutes les Gaules.

Les croisades des douzième et treizième siècles firent connaître des plants excellens de vignes nouvelles, que la culture propagea dans le Roussillon, et qui donnèrent les vins exquis de Frontignan, de Lunel et de Rivesaltes.

On pense que les émigrations d'innombrables Gaulois qui vinrent ravager l'Italie, dès les premiers temps de la république romaine, furent occasionées par l'appât des

(2) *Vitis vinifera.* Linné

racines grêles et superficielles; ses rameaux, qu'on nomme *sarmens*, s'élèvent ordinairement, dans les vignes basses de nos climats, de la souche radicale; ils sont entrecoupés de nœuds, et sont couverts d'un épiderme brun, qui se fend longitudinalement et se détache en lanières minces; les bourgeons ou boutons, placés sur les nœuds, sont composés d'écailles et d'une matière tomenteuse qui enveloppent les feuilles et les fleurs, et les préservent ainsi de l'action de l'humidité et du froid.

Les feuilles de la vigne sont soutenues par des queues ou *pétioles*; ces feuilles sont arron-

---

excellens fruits et des vins, jusque là inconnus dans les Gaules, alors sauvages et incultes.

Environ cent vingt ans avant l'ère vulgaire, César parla du vin des Gaules très-avantageusement. Domitien prétendit que la culture du blé dans ce pays, alors soumis aux Romains, serait plus utile à l'empire, et fit arracher la moitié des vignes *. Cette ordonnance fut exécutée pendant près de deux cents ans; mais Probus les fit replanter. Julien-le-Philosophe vante beaucoup le vin des Gaules, et même le vin des environs de Lutèce (Paris), qui a sans doute bien dégénéré depuis ce temps.

* Voy. Suétone, Domit., 7. — Charles IX conçut un pareil projet, digne sans doute de son stupide fanatisme.

dies, et composées de cinq lobes traversés par autant de nervures provenant des divisions des pétioles; ces lobes sont dentés, et les dents sont plus ou moins grandes, plus ou moins régulières, plus ou moins nombreuses : ces différences caractérisent et servent à distinguer un grand nombre de variétés. La couleur des feuilles de la vigne est d'un vert clair en dessus, et légèrement terne ou blanchâtre en dessous; en mûrissant, cette couleur change, et devient jaunâtre, brune, rouge, violette : la première de ces nuances est propre aux ceps qui portent des raisins blancs; les trois dernières, aux ceps qui portent des raisins rouges. Les feuilles sont disposées alternativement, avec symétrie, et sont opposées aux vrilles; elles s'épanouissent en mai, et tombent en octobre. Les vrilles sont simples, et divisées en deux ou trois parties; leur extrémité est recourbée en forme de crochet : elles sont évidemment destinées à servir de soutien à la vigne, en se cramponnant aux végétaux qui sont dans son voisinage. Ces vrilles portent quelquefois des fruits, ce qui confirme l'opinion des botanistes, qui regardent ces organes comme des rameaux avortés.

Les fleurs de la vigne sont disposées en grappes ramifiées, et redressées sur un pédoncule commun, jusqu'à l'époque de la formation du verjus, dont le poids fait changer cette direction (1). Chaque fleur est supportée par un pédoncule particulier; elle est composée d'un calice à cinq dents fort petites, d'une corolle à cinq pétales d'un vert pâle, rapprochés en voûte, et qui se détachent par la base, disposition contraire aux autres fleurs, ce qui rend celle-ci fort remarquable. On voit au sein de chaque fleur cinq étamines et un style très-court, ou stigmate obtus, placé au-dessus de l'ovaire. Les fleurs de la vigne répandent une odeur très-agréable. Toutes les parties vertes de ce végétal ont une saveur acide et astringente.

Le fruit ou raisin est une baie ronde ou ovale, composée d'une enveloppe ou peau colorée en rouge, en gris, en jaune, en violet, en blanc, par une matière résineuse. Cette peau contient une pulpe ou un suc muqueux,

---

(1) Ordinairement vers la mi-juin. *A la Saint-Jean, verjus pendant*, dit le proverbe.

acide avant sa maturité, doux et sucré à cette époque, et cinq semences ou pepins (trois à cinq), osseuses et en forme de cœur allongé.

La végétation de la vigne est rapide; elle est entretenue par une sève très-abondante: c'est cette liqueur douce et sucrée qui s'échappe des ceps nouvellement taillés, et que les vignerons appellent *les pleurs de la vigne*.

La vigne ne s'élève, dans nos climats, qu'à quelques pieds du sol: ce n'est que quand elle est soutenue et bien abritée qu'elle prend de plus grandes dimensions. On a vu des treilles fort élevées et fort étendues, donnant plusieurs quintaux de fruits; mais la vigne, sous notre latitude, quel que soit le succès de sa culture, est toujours une plante délicate. Dans les contrées chaudes de la terre, elle parvient, même sans soins, à une dimension qui lui donne plutôt l'aspect d'un arbre que d'un arbrisseau. Déjà en Italie, où la vigne s'élève jusqu'au sommet des plus grands arbres (1), on est

---

(1) In Campano agro populis nubunt, maritosque complexæ, atque per ramos earum procacibus brachiis geni-

étonné de la force de son tronc et de l'étendue de ses rameaux. Les anciens naturalistes et les voyageurs modernes sont d'accord sur les étonnantes proportions que la vigne acquiert dans les climats tempérés de l'Asie. Ptolomée et Strabon rapportent que l'on voyait dans la Morgiane (contrée de l'Asie mineure) des ceps si gros, que deux hommes pouvaient à peine les embrasser. « C'est avec raison, dit Pline, « que les anciens ont mis la vigne au rang des « arbres : on voit dans la ville de Populonium « une statue de Jupiter faite d'un seul cep de « vigne, et qui dure depuis plusieurs siècles. « Les colonnes du temple de Jupiter de Méta- « pont étaient de bois de vigne. Maintenant « encore l'escalier qui conduit sur le temple « de Diane d'Éphèse est fait de vigne de « Cypre : on sait, en effet, que les vignes de « cette île acquièrent une grosseur extraordi- « naire. » PLINE, liv. XIV.

Ce que rapporte Pline pourrait paraître exagéré, si l'on n'avait de nos jours des preuves

---

culato cursu scandentes, cacumina æquant, ulmos quidem ubique exsuperant. *Plin.,* lib. XIV.

nombrenses du prodigieux accroissement de la vigne. Les portes de la cathédrale de Ravenne sont construites en bois de vigne (1). On voit dans une des salles du château de Versailles une table faite d'une seule planche de ce végétal. Les voyageurs qui ont côtoyé l'Afrique, et qui ont pénétré dans cette partie de l'ancien continent, ont vu des ceps qui n'avaient pas moins de trois à quatre mètres (neuf à douze pieds) de circonférence (2).

L'accroissement de la vigne est prompt, ce qu'il faut attribuer à la qualité spongieuse de son bois et à la grande quantité de sa moelle. Dans les terrains trop substantiels, cette faculté de végéter sans mesure la rend stérile ; dans les terrains secs, cette même faculté la fait prospérer par l'absorption de ses feuilles, à peu près comme les plantes grasses des déserts de l'Afrique et du Nouveau-Monde. Le bois de la vigne, parvenu à sa maturité, devient fort dur,

––––––––––

(1) On voyait encore ces portes en 1770.

(2) Voy. les *Mém. acad. des sciences*, 1737. — **Chaptal**, *Traité de la culture de la vigne*. — *Encyclopédie méthodique*. — *Traité des arbres*, par M. **Desfontaines**.

reçoit un beau poli, qui fait ressortir les ondes ou veines dont il est marqueté : ce bois passait chez les anciens pour inaltérable.

Des dimensions que la vigne acquiert, il est facile de tirer la conséquence de la longue durée de ce végétal. Pline parle d'une vigne qui existait depuis six cents ans. On a vu en Bourgogne des vignes dont la plantation datait de plus de quatre cents ans. Sous notre latitude, les ceps durent environ un siècle. J'ai remarqué que la durée de la vigne est en raison du volume qu'elle peut acquérir, et par conséquent en raison des climats chauds ou froids.

La vigne doit à la culture toutes ses excellentes qualités; elle ne présente, dans son état sauvage, qu'une forme constante dans ses feuilles et dans son fruit. Celles-là sont en lobes profondément découpés, d'un beau vert, et prennent une teinte pourpre en vieillissant; les grappes sont grêles, à grains petits et rares, d'une couleur rouge foncée, même avant leur maturité; leur suc est acerbe et très-coloré. Cette vigne vierge ou primitive, connue sous le nom de *labrusque* ou *lambruche* (1), se

______

(1) *Vitis labrusca.* L.

rencontre souvent dans les haies et dans les forêts des pays vignobles, et surtout dans les pays chauds; je l'ai vue souvent, en Italie, tapisser des rochers et des cavernes (1), et pendre des arbres en guirlandes, comme les lianes des forêts d'Amérique. Cette vigne sauvage est la souche de ces innombrables variétés obtenues par l'art du cultivateur, et dont quelques unes diffèrent autant de cette souche primitive que la poire sauvage diffère de la virgouleuse ou du doyenné.

La lambrusque est presque la seule espèce sauvage de l'ancien continent. L'Amérique est bien plus riche en espèces de ce genre. Les forêts du Canada, de la Louisiane, de la Virginie et de la Caroline, en sont remplies (1).

---

(1) . . . . Aspice ut antrum
Sylvestris raris sparsit labrusca racemis.

Virg., écl. v.

(2) La vigne cotonneuse de la Caroline (*V. labrusca.* Linn.), que Linnée avait déjà décrite, et qu'il ne faut pas confondre avec la lambrusque de nos climats; — La vigne d'été (*V. æstivalis.* Michaux), qui ressemble beaucoup à la vigne cotonneuse; — La vigne du renard (*V. vulpina.* Linn.), dont les grappes très-nombreuses sont

On trouve également ces espèces de vignes sauvages dans l'Amérique du sud, et presque jusque sous la ligne; mais ces vignes ont ces différences remarquables avec les vignes de notre continent, 1° que la plupart sont bisexuelles, c'est-à-dire qu'elles presentent sur le même pied les individus mâles et femelles séparés (dioïques), ou sur des pieds séparés, comme le peuplier et le saule; 2° que toutes les tentatives pour les civiliser et les rendre

---

savoureuses et succulentes; — La vigne palmée (*V. palmata.* Wahl), remarquable par les profondes découpures ou laciniures de ses feuilles; — La vigne des rivages (*V. riparia.* Michaux), très-abondante sur les bords du Mississipi; — La vigne sinueuse (*V. sinuosa.* Bosc), remarquable par la rondeur de ses lobes et la largeur de leur dentelure; — La vigne à feuilles en cœur (*V. cordifolia.* Michaux), et celle à feuilles rondes du même auteur (*V. rotundifolia*); — Enfin, la vigne en arbre (*V. arborea.* Linn.), qui s'élève jusqu'au sommet des plus grands arbres, avec lesquels elle marie orgueilleusement ses rameaux et son feuillage élégant et finement découpé.—Le célèbre voyageur Olivier rapporta de l'Asie mineure une vigne (*V. orientalis*) dont le feuillage est aussi remarquable par la finesse de ses découpures; mais elle s'élève peu. Aucune de ces vignes ne peut être ni préférée ni même comparée à la vigne commune, pour l'excellence des fruits et la qualité des vins qui en proviennent.

fructueuses ont été jusqu'à présent inutiles.
Ces vignes d'ailleurs aiment beaucoup à vivre
en liberté, et à étendre au loin leurs rameaux :
cet amour de liberté est l'instinct de tout ce
qui existe.

La vigne ne prospère pas dans tous les climats; elle redoute également les températures
extrêmes en chaud et en froid; la culture qui
la féconde dans celui-ci ne peut la favoriser
dans celui-là. Cette plante fournit d'autres
singularités remarquables. Nous venons de voir
que l'on avait tenté en vain d'améliorer par la
culture les vignes qui croissent en si grande
abondance dans les forêts de l'Amérique du
nord, tandis que, sous les mêmes latitudes,
elle donne, en Afrique, les vins de Madère et
de Canarie; en Asie, ceux de Chypre; en Europe, ceux d'Espagne, d'Italie, de Languedoc,
de Provence, de Bourgogne et de Hongrie.
Elle donne des vins au Brésil au-delà de l'é-
quateur; au Pérou, ceux de Guamanga, de
Truxillo, d'Aréquipa; tandis que, sous les
parallèles correspondantes, l'Asie et l'Afrique
sont tout-à-fait privées de ce bienfait. Toutes
ces singularités dépendent évidemment de l'influence du sol de ces contrées. Les hivers ri-

goureux font périr les ceps, et retardent leur végétation estivale; une forte chaleur grille les feuilles et dessèche les fruits; trop d'humidité les pourit. Il faut à la vigne un climat tempéré; elle se plaît beaucoup entre les 4o et 48° parallèles, sous cette zône de notre hémisphère, où les hivers sont doux, où les étés ont au moins deux ou trois mois d'une température constante entre 18 et 20° de Réaumur; elle aime à s'épanouir aux rayons du soleil; elle y puise sa vigueur et toutes ses qualités. Bacchus naquit dans le beau climat de l'Égypte, et répandit le bienfait de la culture de la vigne dans les climats les plus tempérés et les plus fertiles des contrées de l'orient. Ce végétal occupe, dans la partie de notre hémisphère, une zone d'environ 20° de largeur : Schiraz en Perse (1), Coblentz sur le Rhin (2), indiquent, l'un au sud, l'autre au nord, les dernières limites de sa culture (3).

----

(1) 3o degrés latitude nord.

(2) 51 degrés latitude nord.

(3) La chaleur est la vie du raisin; quand cet agent manque, il ne mûrit pas, et pourit sur le cep. Le botaniste Adanson, en évaluant les degrés de chaleur néces-

L'exposition est encore bien importante à
considérer relativement à la culture de la

---

saires pour la floraison de plusieurs espèces de plantes, a
trouvé que les chatons de peupliers ont besoin de 168°, la
violette de 272, le lilas de 275, et la vigne de 177°.

On a essayé en vain de cultiver la vigne au delà de la
limite de 48 à 50° de latitude boréale : l'expérience a
montré l'inutilité de ces tentatives. On a obtenu sans
doute une végétation vigoureuse en feuillages et en sarmens, et même de très-beau verjus; mais celui-ci n'est
jamais parvenu à une maturité complète; la bonté du vin
n'est jamais d'ailleurs en rapport avec la vigueur de la
plante. L'Angleterre n'a jamais vu mûrir de raisin sur
son sol : cependant le gouvernement anglais a fait des tentatives inouïes pour encourager cette culture; et, par un
bill qui date de 1689, il a offert une prime d'encourage-
ment de 100,000 livres sterling (plus de 2,000,000 fr. de
notre monnaie) à celui qui parviendrait à cultiver la
vigne en Angleterre avec succès. La dégradation de la
chaleur est la première cause qui retarde la végétation de
la vigne au nord, et qui empêche les fruits d'y mûrir.
Cette même cause exerce son influence quand on s'élève
sur les montagnes; mais ici la chaleur diminue dans une
échelle beaucoup moins étendue. La vigne croît et prospère au pied du Jura et des Alpes jusqu'à trois cents toises
au-dessus du niveau de l'Océan. M. Decandole a vu cultiver la vigne avec succès à quatre cents toises, dans le département de la Haute-Loire, près de la ville de Puy-
de-Veley.

Quelle que soit la vigueur de la végétation de cette

vigne : ce végétal aime les coteaux (1) exposés au midi et à l'orient; cette disposition du sol le fait prospérer, même sous des latitudes où, cultivé en plaines, ses fruits ne mûriraient plus. Ainsi il est d'autant plus permis d'espérer du succès des plantations de la vigne vers le nord, que le sol est plus couvert de coteaux et d'abris : voilà pourquoi les parties orientales et montueuses de la France présentent des vignobles bien plus au nord que les parties occidentales, formées de plaines. La ligne oblique qui indique cette limite s'étend, de Nantes à Coblentz, du 47ᵉ degré 1/4 au 51° degré de latitude (2). Cette préférence de la

---

plante, ses fruits exigent, pour mûrir, une température annuelle moyenne qui ne descende jamais au-dessous de 8 degrés; il faut, pour la conservation de ses bourgeons et de son bois, que le thermomètre descende rarement au-dessous de zéro, et qu'il s'y soutienne peu de jours : ces circonstances ne se rencontrent jamais en Amérique dès que l'on a passé le 40ᵉ degré de latitude nord.

(1) . . . . Denique apertos
Bacchus amat colles. . . . .

HORACE.

(2) Au delà de la ligne qui marque la température propre à la vigne, on n'obtiendra jamais de bon vin. A

vigne pour les coteaux ne doit cependant pas faire penser que l'on n'obtient de la culture des plaines que de mauvais vin : la vigne croît et prospère dans toutes les plaines abritées du midi, et au fond de toutes les vallées. Les cantons de Saint-Denis et de Sandillon, qui donnent les meilleurs vins d'Orléans, sont en plaines; le médoc est aussi en plaines; un grand nombre d'excellens cantons de la Bourgogne et du Languedoc offrent le même sol. Mais ces plaines sont parfaitement exposées, sous un ciel presque toujours pur, les vignes y sont plantées en ceps espacés, disposition singulièrement favorable à la maturité du raisin (1).

Paris, cette ligne est déjà trop au nord. Jamais les vins de Meudon, de Surène, d'Argenteuil, etc., n'ont eu ni n'auront de renommée. Il y a un peu plus d'un siècle que l'on donna à leur culture toute l'étendue et l'importance qu'elle a de nos jours. Henri IV, pour favoriser ce nouveau moyen de prospérité, vanta le vin de Surène, à peu près comme Frédéric II vanta depuis le vin recueilli sur les coteaux des environs de Berlin ; mais la toute-puissance des rois ne change rien à la nature, et fort heureusement.

(2) La vigne aime les coteaux; ont dit les cultivateurs de l'antiquité : cette vérité est d'une grande importance. On ne saurait donc prendre trop de soin à lui procurer

L'exposition au nord n'est point favorable à la vigne : les !vins qui en proviennent sont toujours durs et acides. Si quelques vignes à cette exposition donnent de bons vins, telles que celles des coteaux de Reims, de Saumur, d'Angers, etc., ils doivent leurs qualités moins à l'exposition qu'à la nature particulière du sol, qu'au mode de culture, et peut-être à d'autres circonstances inconnues.

On doit apporter beaucoup d'attention dans le choix du terrain propre à la vigne. Tout terrain la nourrit quand ses racines peuvent y pénétrer; mais, pour obtenir des fruits de bonne qualité, il faut que le sol soit sec, léger,

---

cette exposition, qui lui fait recevoir perpendiculairement les rayons du soleil : ainsi une pente de 20 à 30 degrés lui convient parfaitement, et même mieux qu'un mur perpendiculaire. Dans quelques régions froides de l'Espagne, on entoure chaque cep d'un entonnoir sur les parois duquel on soutient les rameaux ; dans quelques vignobles du même royaume, on plante les ceps sur de petits monticules, et on rabat les rameaux sur leur pente. Les vignes en terrasses sont parfaitement exposées pour la maturité du raisin : c'est ainsi qu'est disposé ce riche vignoble qui s'étend sur les bords du lac de Genève, depuis Lausanne jusqu'à l'entrée du Valais, et une grande partie de la côte de l'Hermitage sur les bords du Rhône.

et un peu graveleux. Une terre noire, ou fortement colorée, en s'imprégnant des rayons du soleil, et en en conservant long-temps la chaleur, contribue singulièrement à cette amélioration. Les vignes plantées dans un terrain schisteux, granitique ou volcanique, donnent généralement de bons vins, qui surpassent toujours en qualité et en principes ceux qui proviennent de ceps cultivés dans les terrains calcaires, crayeux, siliceux et argileux (1). C'est à la nature des terres volcaniques que l'Italie, la Hongrie, et quelques cantons du midi de la France, doivent leurs vins exquis : leurs qualités, surtout celles relatives à la saveur ou au *bouquet*, reconnaissent évidemment pour principe l'influence du sol; elles n'appartiennent quelquefois qu'à un espace très-peu étendu, varient et changent entièrement, sans que le sol ni l'exposition soient changés (2).

---

(1) Ceux qui ont essayé de cultiver la vigne dans l'Amérique méridionale, croient que c'est à la présence d'un banc d'argile, qui s'étend partout au-dessous de la terre végétale, qu'il faut attribuer l'inutilité des efforts que l'on a faits jusqu'à ce jour pour la faire réussir.

(2) Le territoire de Tokai a très-peu d'étendue, et

La culture de la vigne a fait naître les nombreuses variétés de cet arbuste. Cette culture est elle-même modifiée selon les climats et les expositions, et est, par conséquent aussi très-variée; il est impossible de ne pas reconnaître sa puissante influence sur les différentes qualités des vins. En général, dans le nord, les ceps sont bas, alignés, droits, inclinés, courbés en raquette ou en sauterelle, et fixés à des échalas. Le raisin ne mûrit bien que contre la terre, dont il reçoit la chaleur réverbérée. Dans le midi de la France, les ceps sont déjà plus élevés; quelquefois la vigne est traînante, comme je l'ai souvent remarqué dans les gorges brûlantes qui avoisinent la côte de Gênes, dans la Provence et dans le Valais. En Italie, en Espagne, en Grèce et dans ses îles, la vigne s'élève très-haut et jusqu'au sommet des plus

---

celui qui donne le fin tokai est une vigne de quelques arpens. Les vignes qui croissent à cinquante pas du Clos-Vougeot, en Bourgogne, ne donnent jamais de vins d'une aussi bonne qualité que celle de cet espace très-circonscrit. Le *lacryma Christi* ne croît que sur une région du Vésuve. Les vignes qui donnent en Afrique le vin de Constance n'ont également qu'une étendue fort bornée.

grands arbres. Dans ces climats chauds, elle végète avec une force extraordinaire : c'est un des priviléges accordés par la nature aux plantes sarmenteuses. Ces diverses espèces de cepages sont composés de plants différens ; les fruits qu'ils produisent diffèrent aussi beaucoup, soit dans la forme, soit dans la qualité. C'est du choix de ces plants pour chaque climat et même pour chaque vignoble, auxquels ils conviennent, que dépend tout le succès des récoltes et toutes les qualités du vin qu'ils donnent. Ces plants, transportés ailleurs, y languissent et y dégénèrent : c'est donc une erreur que de penser obtenir partout la même qualité de vins en y transplantant les mêmes qualités de ceps. Toutes les vignes de Bourgogne ne donneraient pas, sous le climat de Paris, un verre de vin de Bourgogne : mieux vaudrait transplanter des rosiers en Sibérie.

Aucune plante n'est plus vivace que la vigne ; aucune ne se prête mieux aux caprices du jardinier : on la dresse en haies, en palissades, en espaliers ou en treilles, en berceau, en tonnelle ; on l'arrondit en cercle, en volute, etc. J'ai vu, près de Parme, une suite de colonnes corinthiennes figurées par des ceps de vigne entrelacés avec art; et, dans un jardin de Milan, une statue de Phaétuse, qui semblait, par sa position sur un piédestal tapissé de vignes, subir sa métamorphose. Les jardiniers marient fort agréablement les rameaux de la vigne aux arbres d'ornement. C'est dans les bosquets magiques et enchantés qui décorent les terrasses des îles Boromées que j'ai vu mettre le plus d'art dans cette association : des rameaux de vigne, enfermés sous l'écorce des orangers, viennent couronner leurs cimes, et mêler leurs grappes à leurs fruits dorés. On produit à peu -près le même effet en faisant passer un sarment à travers un arbre perforé, et en cachant avec de la mousse l'ouverture où ce sarment y pénètre.

La vigne, par sa facilité et la force de sa végétation, offre le phénomène vraiment extraordinaire d'une végétation partielle sur une souche commune : un rameau introduit dans une serre chaude, au milieu de l'hiver, se couvre de feuilles et de fruits, indépendamment des rameaux du dehors, que le froid tient engourdis.

CULTURE DE LA VIGNE.

Dans les climats chauds, la vigne vient presque sans culture, et donne des produits abondans, et aucune plante ne s'y propage plus aisément : ce n'est que par les soins de la culture et que par artifice que l'on obtient de bons fruits de cet arbuste dans les climats du nord.

Par sa position géographique, par la nature de son sol, la variété de ses expositions et le nombre de ses abris, la France (1) est plus qu'aucun autre pays favorable à la culture de la vigne : aussi, depuis plusieurs siècles, les produits de ses vignobles sont-ils regardés

______

(1) Il y a en France à peu près 1,500,000 arpens de terre cultivée en vignes ; le produit moyen de chaque arpent est de trois pièces et demie. On pourrait aisément doubler cette culture. Le Gouvernement ne saurait trop encourager ce genre d'industrie, qui fait entrer chez nous une grande masse de numéraire.

comme une des principales sources de ses richesses territoriales, et l'exportation que l'on en fait, comme un des moyens les plus certains de ses relations commerciales et de sa prospérité.

Dans toute plantation de vigne, quelles que soient l'exposition et la nature du sol, c'est presque toujours l'intérêt pécuniaire qui règle les vues du propriétaire : dans le plus grand nombre de cas, il préfère l'abondance à la qualité; rarement il sacrifie ce dernier avantage au premier, à moins qu'il ne se croie assez riche pour pouvoir jouir seul de ses récoltes et se passer de vendre. Ces motifs différens déterminent le choix du plant ou de la qualité de la vigne.

Le terrain où l'on plante la vigne doit être préalablement bien préparé et labouré profondément; il doit être débarrassé de tout arbre, buissons ou herbes, qui nuiraient par leur ombre au nouveau plant, et retarderaient la maturité des grappes. On plante la vigne soit de marcottes ou plants enracinés, soit de crossettes, soit de boutures, ou de sarmens choisis lors de la taille. On la multiplie par provins et par greffes, par semis; mais on n'opère cette dernière espèce de multiplication, excessivement lente, que dans l'intention d'obtenir des variétés nouvelles. Il faut douze ans à la vigne semée pour produire des fruits. On peut planter la vigne depuis la feuille tombante jusqu'à la feuille naissante; la terre ne doit être ni gelée, ni couverte de neige, ni imbibée d'eau. La plantation de mars et d'avril est la plus sûre et la meilleure. On espace les plants d'un pied et demi à deux pieds (60 à 70 centimètres) en tous sens (1), et on les dispose en quinquonce. Si la plantation se fait par lignes ou en allées, on doit les diriger de l'est à l'ouest, et les espacer suffisamment pour que les rayons du soleil arrivent sans obstacle jusqu'au pied. Quelques cultivateurs préfèrent la direction du midi au nord; mais l'expérience n'a point encore fait connaître laquelle de ces deux directions est

---

(1) Cette distance doit être encore relative aux climats, aux terrains et aux expositions. On espace moins les vignes courtes, et plus les hautains et les vignes en treilles; plus dans les terres légères et sablonneuses, moins dans les terres fortes; plus dans les plaines, moins sur les coteaux. Dans les vignes de notre climat, on compte ordinairement de 4,500 à 5,000 ceps par arpent.

la meilleure (1). On plante, dans les parties du terrain les moins fertiles, les espèces de ceps dont la pousse est vigoureuse; leur bois et leurs fruits y acquièrent plus tôt la maturité. On plante au haut des coteaux les espèces à raisins blancs : cette variété est tardive sous notre climat, et pourrit dans les vallées et les plaines, dont le terrain profond et fertile convient mieux aux espèces de ceps qui ont une pousse faible.

La taille de la vigne est la première opération de sa culture, et l'une des plus difficiles et des plus utiles. Son but est de faire produire à ce végétal des sarmens plus nombreux, mieux nourris, de plus beaux fruits, et de faire acquérir à ceux-ci un plus grand degré de développement et de maturité; enfin, de prolonger la durée des ceps. Il faut pour la pratiquer, de l'habileté et de l'habitude. La taille se fait, dans notre climat, du 15 février au 15 mars : celle d'hiver ne réussit que dans le midi.

____

(1) Les vignes courtes rapportent au bout de quatre à cinq ans; à sept ans, elles sont en plein rapport : leur durée moyenne est de cinquante ans; mais, avec du soin, on les fait durer beaucoup plus long-temps.

Quand la vigne a peu produit une année précédente, on taille court l'année suivante, parce qu'il est présumable que sa végétation sera vigoureuse. Si l'été et l'automne précédens ont été humides, et que la sève n'ait produit que des sarmens tendres et des boutons sans vigueur, la taille doit être moins courte et on doit conserver plus de broches; celle en bec de flûte, et pratiquée avec la serpette, est la meilleure.

On soutient la vigne avec des échalas : on la fixe à ces appuis avec des liens de paille trempée; ces appuis artificiels lui sont indispensables dans tous les climats où on la cultive.

Vers la fin d'avril et au commencement de mai, on ébourgeonne la vigne; opération qui consiste à retrancher les bourgeons qui n'ont pas de grappes, afin d'augmenter la vigueur de ceux qu'on laisse au cep (1), et que l'on doit bien se garder de rompre; car de leur allongement dépend la vigueur du cep, le développement des racines, la grosseur et la maturité du fruit.

---

(1) Plusieurs cultivateurs très-instruits regardent cette opération comme inutile et comme dangereuse.

L'incision annulaire, proclamée comme souveraine pour prévenir la coulure de la vigne, a été reconnue par quelques observateurs comme contraire au développement du fruit (1).

On donne à la vigne trois ou quatre labours : un au printemps, peu de temps après la taille; deux pendant l'été, et un en automne. Ces

---

(1) Ce procédé, que les anciens pratiquaient déjà, consiste à enlever, au moyen d'une pince-ciseau, un anneau de l'écorce jusqu'à l'aubier. Quelques jours après qu'on l'a pratiquée, les feuilles de la vigne prennent une teinte rouge ou brune, ce qui démontre évidemment que leur maturité a été très-avancée par cette opération. On la pratique dans les vignes basses, sur le bois de l'année précédente, et au-dessous de toute pousse portant fruit; dans les vignes tenues en hautains, elle se fait à la naissance de la *ploie*. Cette opération, quand elle est faite à temps opportun, empêche évidemment la vigne de couler. Il est aussi évident qu'elle avance la maturité de plusieurs jours; et cette connaissance est le fruit d'un grand nombre d'expériences comparatives. Il paraît que l'incision annulaire réussit beaucoup mieux sur les plants vigoureux et dans les pays tempérés ou chauds, que sur les plants faibles et dans les pays du nord. On lit avec intérêt le chapitre consacré à l'histoire de cette opération, dans le *Manuel des Vignerons français*, par M. Thiébaut de Berneaud. Paris, 1824.

fréquens labours rendent la terre perméable aux rayons du soleil, à l'air et aux pluies : on doit en être économe dans les terrains arides, principalement quand la température est sèche et chaude. On fait ces labours avec des houes de différentes formes et dimensions, qui pénètrent le sol plus ou moins profondément, et dans quelques vignobles avec la charrue. Il faut, indépendamment de ces labours, sarcler souvent la vigne pour détruire les herbes qui, en s'élevant, produisent de l'ombre, et qui usent la terre par leur succion (1).

Dans un grand nombre de pays vignobles,

---

(1) De ces plantes parasites et propres au sol des vignes, les plus nuisibles sont les anserines ou chénopodes, par leur ombre et leur odeur ; l'arrête-bœuf (*ononis*) et le chiendent, par l'étendue et la force de leurs racines ; la cuscute et les liserons ; l'hyèble, qui s'élève autant que les ceps ; les ronces, les renoncules, l'ail, l'euphorbe, l'œnanthe, et toutes les plantes à suc âcre et à odeur forte ; non que je sois de l'avis des anciens qui croyaient que le vin prenait la saveur de ces végétaux. Il faut détruire avec beaucoup de soin les champignons parasites qui s'attachent au pied de la vigne, et cette espèce de crypto-game (*erineum*) qui forme des taches jaunes sur les feuilles.

on favorise la végétation de la vigne par des engrais : aucun moyen ne contribue davantage à altérer la qualité des vins. Cette qualité ne se développe et ne se conserve que dans une terre franche ; et, quand celle-ci ne suffit pas à la végétation, le seul moyen auquel on peut recourir, sans avoir à craindre cette alt ération, c'est d'engraisser le sol de terreau provenant des gazons et des végétaux, entassés jusqu'à parfaite décomposition. On ne doit jamais et on ne devrait jamais employer ni fumier, ni boues, ni poudrette (1).

Quand un cep languit, soit par la maladie, soit par la vieillesse, on ranime sa vigueur en le couchant et en le couvrant de terre : de nouvelles racines se forment à la place des bour-

----

(1) La vigne est douée d'une grande force absorbante dans ses feuilles et dans ses racines ; ce qui influe beaucoup sans doute sur la différence que l'on remarque dans le vin provenu des mêmes plants, cultivés dans des terrains et à une exposition différens. On a trouvé du sel marin dans la sève d'une vigne exposée aux vents d'ouest de l'Océan, qui la noyaient de ses vapeurs ; et de la silice dans les cendres de sarment de vignes donnant du vin qui a goût de pierre à fusil.

geons (1), et fournissent au cep une sève abondante.

On multiplie les ceps autour du cep principal par le provignage, en les couchant dans
une fosse d'environ un pied de profondeur, et
en ne faisant sortir hors de terre que les meilleurs sarmens : les deux opérations dont je
viens de parler rajeunissent la vigne, et assurent des recettes abondantes.

Dans le midi, on cultive la vigne en *hautains*, en la soutenant à neuf ou dix pieds de
hauteur sur des arbres étêtés, et en dirigeant

---

(1) Ces deux organes subissent facilement cette transformation ; elle est d'autant plus facile que la plante est
spongieuse, et qu'elle est pourvue abondamment de
moelle. Plantez plusieurs rameaux de saule et de peuplier dans une situation renversée : les bourgeons enter-
rés donneront des racines; les bourgeons exposés à l'air
fourniront des rameaux et des feuilles. Courbez un sarment, enfoncez son extrémité dans la terre : après quelques mois, cette même extrémité se couvrira de racines;
coupez ce rameau par le milieu, vous aurez deux sujets :
mais cela réussit rarement sur la vigne, au moins dans
notre climat. C'est ainsi que les rameaux flexibles du
saule de Babylone, ou saule pleureur, en s'implantant
par leur extrémité dans le sol, donnent lieu à autant de
boutures, que l'on peut élever en les trasplantant.

ses rameaux d'un arbre à l'autre, ce qui forme des festons d'un aspect fort agréable. On voit en Piémont d'immenses plantations de mûriers et d'oliviers couverts de ceps de vigne, dont le feuillage, d'un vert gai, se marie très-bien à leur feuillage sombre et noirâtre.

Dans quelques parties de la Champagne, de la Bourgogne et du Médoc, on soutient la vigne sur des pieux, et on dirige ses rameaux horizontalement (1). Ces espèces de hautains ou de treilles ont plusieurs avantages qui doivent en encourager la culture. En général, les raisins y mûrissent bien; mais je crois notre latitude de 48 à 50° trop froide pour ce genre de culture : celle de la vigne en cônes ou en pyramides, telle qu'elle se pratique au pays de Bade et près de Strasbourg, lui conviendrait mieux; mais cette méthode est peu connue en France.

Il n'en est pas ainsi des vignes en treilles près des murs: quand les treillis sont en bonne exposition, elles fournissent abondamment du

______

(1) Ce sont les *vignes perchées*, tant recommandées par R. Schabol.

raisin plein d'un suc doux et agréable, mais sous notre latitude, elles ne donnent qu'un vin très-médiocre.

On met en treilles toute espèce de vigne ; mais on doit donner la préférence aux chasselas, parmi lesquels on remarque le *chasselas violet*, si agréable à la vue : le chasselas gros blanc, marmot ou rischeling, dont les grains sont gros et ont la peau très-mince : c'est ce beau raisin à pétioles violets, qui est souvent représenté dans les tableaux de fruits de Van-Huyssum : le chasselas de Fontainebleau, que l'on croit avoir été apporté de l'Orient, la meilleure des espèces en treilles et la plus facile à conserver : les diverses espèces de muscats, et particulièrement le muscat noir du Jura, qui est très-précoce ; le muscat noir du Pô, qui est d'une saveur très-délicate, et le muscat d'Alexandrie, dont les grains ovales et fort gros sont aussi très-savoureux ; mais il faut beaucoup de soins pour obtenir sa maturité. Parmi les morillons, on remarque le raisin appelé de la Madeleine, un des plus précoces. On peut ranger à côté de ces raisins, pour l'excellence des qualités, le sauvignon, le muscadet blanc et enfumé, la panse musquée du département des Bouches-du-Rhône, la malvoisie blanche du Pô, la moscatelle du Lot, le berardi de Vaucluse, la persolette de la Drôme, le pied de perdrix des Hautes-Pyrénées, le blanc-doux des Landes, remarquable par l'extrême minceur de sa peau; le rivesaltes de Saint-Rabier (Charente); la foggiane de Gênes, le lugliatica de Marengo, raisins d'Italie qui ne mûrissent qu'à la meilleure exposition, et rarement sans le secours des serres chaudes; le Ciotat, le grec, l'africain, le malvoisie, le bordelais, le meslier de Paris, etc. etc.

Dans le nord, les raisins blancs de treille mûrissent les derniers : dans le midi, leur maturité précède celle des espèces colorées.

On doit planter les treilles dans un endroit isolé; la succion de leurs racines stériliserait les végétaux voisins, et surtout les arbres fruitiers : plus la treille s'étend en hauteur, moins on doit donner d'étendue à ses branches latérales.

Les rayons du soleil doivent arriver à ces vignes sans obstacle et directement. La vigne en treille grossit beaucoup, même en France. Les gelées, qui, pendant l'automne de 1793, se

firent sentir avant les vendanges, furent si fortes, qu'elles causèrent la mort d'une treille de
muscat blanc plantée à Besançon. Cette treille,
dont on ignorait l'âge, tapissait un mur de
quarante-cinq pieds de hauteur, et s'étendait
sur une largeur de cent vingt-cinq pieds; sa
tige avait quinze pieds neuf pouces de circonférence : probablement que ce tronc était
formé de plusieurs ceps réunis, comme le tronc
de ce fameux châtaigner du mont Etna, auquel
on a trouvé cent cinquante.pieds.

Le vigneron ne saurait apporter trop d'attention ni mettre trop de soins à préserver ses
vignes des gelées : elles causent d'affreux désas-
tres, non seulement en le privant de la récolte de l'année, mais encore en influant
désavantageusement sur les récoltes de l'année
suivante, et même de plusieurs années consé-
cutives. Deux moyens sont en usage dans quelques vignobles. Le premier, que j'ai vu généralement pratiquer dans les vignobles de la
principauté de Bade, des bords du Rhin et
dans quelques cantons suisses, consiste à coucher les ceps après la chute des feuilles, et à
les couvrir de six pouces de terre. Le second

moyen, qui a l'avantage de moins fatiguer la vigne et d'être plus infailliblement préservatif de la gelée, consiste à racourcir les ceps, à les coucher, et à les couvrir ensuite de paille, de fane de haricots ou de chanvre nu (chenevottes). Quelques cultivateurs ont essayé, quand la neige était abondante, d'en recouvrir les ceps. Cette tentative a eu du succès : la neige est un abri pour les plantes contre le froid; elle est *le vêtement de la terre*, dit l'Ecclésiaste. Mais cette méthode ne réussit pour la vigne, que quand les alternatives des gelées, des faux dégels et des dégels complets, ne sont pas trop fréquentes pendant la durée de l'hiver (1).

On préserve les treilles de la gelée, en enveloppant leur pied de fumier et en couvrant leurs rameaux de paillassons.

La vigne, qui végète si vigoureusement dans les pays constamment chauds ou tempérés, n'est plus dans notre climat, et même de-

---

(1) Pour bien connaître les effets de la gelée sur les végétaux, consultez, dans le *Calendrier français*, ce qui est relatif aux influences du mois de janvier.

puis le 45ᵉ degré de latitude, qu'un arbrisseau délicat, et dont le faible développement est contrarié par une multitude d'agens nuisibles. Les uns appartiennent à la famille des végétaux, et sont connus des cultivateurs sous le nom de plantes parasites (1); les autres appartiennent à la famille des insectes; les autres enfin aux élémens ou aux agens atmosphériques. L'eau, si nécessaire à la végétation, devient, par sa trop grande quantité, un des agens les plus nuisibles à ses progrès. L'eau des pluies, en tombant ou trop long-temps ou avec trop de violence, entraîne la poussière fécondante de la fleur, et empêche la fécondation du fruit. C'est ce qui arrive fréquemment au temps de la floraison de la vigne : on dit alors que *la vigne coule ;* les grappes qui résistent à ces inondations atmosphériques sont grêles et dépourvues de grains.

La *brûlure* ou rougeau est, après la *coulure*, le fléau le plus redoutable pour la vigne; elle provient soit de l'ardeur du soleil qui dessèche et racornit les feuilles, soit de l'impres-

____

(1) Voy. pag. 29, l'énumération de ces plantes.

sion vive et brusque de ses rayons sur les feuilles couvertes de givre ou de rosée froide. Cette espèce de brûlure attaque aussi les raisins dont la peau est mince et tendre : on les appelle alors *raisins brimés* ou *taconnés*. Les feuilles sont le principal organe de végétation de la vigne, qui n'a que des racines faibles qui la font adhérer au sol. On voit quelles conséquences fâcheuses doit entraîner la perte des feuilles : il est facile de s'en convaincre en la dépouillant de ces organes; les fruits ne tardent pas alors à se flétrir.

La *gelée* cause beaucoup de dommage à la vigne, et d'autant plus que ses pousses sont plus tendres. Elle est bien moins nuisible par un temps sec que par un temps humide : voilà pourquoi la vigne gèle plus fréquemment dans les plaines et dans les vallées, toujours couvertes de brouillards, que sur les coteaux. La gelée flétrit le raisin et altère son suc, au point qu'il n'est plus possible d'en tirer aucun parti. On a cru pouvoir remédier à cet accident en brûlant de la paille mouillée, et en dirigeant la fumée sur les ceps. Nous avons indiqué deux méthodes pour préserver les sarmens des gelées de l'hiver.

La *grêle* est encore un fléau destructeur des vignobles. C'est presque toujours à l'époque de l'année qui laisse le plus d'espoir au cultivateur, que celui-ci perd entièrement l'espérance de sa récolte. La grêle détruit les fruits, et meurtrit les feuilles et les rameaux; il faut alors tout amputer, tout retrancher, et il faut plusieurs années pour réparer le mal fait en quelques minutes.

La grêle est plus fréquente et plus dangereuse dans les pays montueux et dans le voisinage des pays de montagnes que dans les plaines. Peut-être qu'en perfectionnant l'ingénieux procédé de M. Lapostole (le paragrêle), on parviendra, ou à prévenir ce fléau, ou à diminuer ses effets désastreux (1).

L'action permanente des vents porte à la vigne de vives atteintes. Les vents de l'ouest l'inondent et l'ébranlent par leurs secousses et leur impétuosité; ceux du nord la gèlent; ceux de l'est et du midi la dessèchent et la brûlent. Il faut l'en préserver par des abris, des fossés et

____

(1) *Traité des Parafoudres et des Paragrêles en cordes de paille.* Amiens, 1820.

des haies, et opposer à leur violence des murs et de grands arbres.

On trouve, au printemps et en été, sur la plupart des feuilles des arbres qui décorent nos promenades, et particulièrement sur celles des érables, des tilleuls et des ronces, une matière épaisse, gluante et transparente, semblable à un vernis, et qui est d'une saveur sucrée. Les habitans des campagnes lui donnent le nom de *miellat*; elle est produite par une sécrétion particulière et par une transpiration des feuilles. Quand cette sécrétion est abondante, elle ne tarde pas à les faire languir; elle attire aussi un grand nombre d'insectes qui sucent cette matière et rongent les feuilles qui la produisent. Ce miellat attaque quelquefois la vigne, et nuit beaucoup à sa végétation; il n'y a pas de meilleur remède contre ce mal que l'eau des pluies et les labours fréquens.

Les principaux insectes destructeurs de la vigne sont l'attelabe (becmare, bêche, lisette ou velours-vert, *rynchites bacchus*). Cet attelabe en ronge les feuilles et les parties tendres. La femelle roule ces feuilles en forme de cornet, et y dépose ses œufs; les larves qui en naissent causent aussi beaucoup de ravage. Plusieurs autres espèces d'attelabes, tels que le vert-doré, le noir, le gris, etc., rongent la vigne et nuisent beaucoup à sa végétation. Plusieurs espèces de charençons (*curculio*), d'eumolpes (*cumolpus*), de gribouris (*cryptocephalus*), de chrysomèles, causent les mêmes ravages à la vigne. On ne peut les prévenir complètement; mais il faut employer tout le temps nécessaire à la destruction de ces insectes et de leurs œufs. La larve des hannetons, connue sous les noms de man, de turc, de vert-blanc, ronge les racines de la vigne et la fait périr; elle attaque préférablement les jeunes plants: on l'attire en semant des laitues, dont elle aime beaucoup les racines, et en la déterrant à coups de bêche. Ce sont les morsures de cette larve qui occasionent cette maladie de la vigne appelée *jaunisse* par les cultivateurs. Le hanneton ou scarabée lui fait peu de mal; mais le petit hanneton (*scarabeus vitis*) y cause beaucoup de dommages dans le midi. La pyrale de la vigne (*P. vitis*), de la famille des lépidoptères; le criquet à ailes rouges (*acridium*); diverses espèces de sphynx et de teignes, sont autant d'insectes destructeurs, fort préjudiciables à la santé de ce végétal et à la conservation de son fruit. On ne peut les détruire qu'en les écrasant; et il faut y mettre beaucoup de persévérance. On a souvent attribué aux hélices ou escargots et aux limaces, une grande partie des dommages causés aux vignobles : ces animaux font très-peu de mal; s'ils rongent quelques feuilles, au moins ils n'en arrêtent pas la végétation par le contact ou la piqûre, comme les insectes que je viens de signaler et qui sont essentiellement destructeurs. Je recommande aux cultivateurs d'épargner surtout le grand escargot (*H. pomatia*) en faveur de l'excellence de sa chair, que l'on peut même manger sans apprêt, en le faisant griller et en l'assaisonnant avec l'ail des vignes (*allium vineale*. L.), plante qui a presque le mérite de l'échalotte.

Lorsque les vignes sont placées dans le voisinage des forêts; les blaireaux, les renards, les sangliers viennent en manger le fruit. Un grand nombre d'oiseaux, principalement les grives et les bec-figues, s'en nourrissent avec avidité: les moineaux attaquent aussi les grappes des treilles; ce qui oblige l'agriculteur de les renfermer dans des sacs de crin.

VARIÉTÉS DE VIGNES CULTIVÉES EN FRANCE.

La vigne, cultivée depuis si long-temps, présente les variétés les plus nombreuses; la grande facilité de sa végétation est une des causes qui contribue le plus à les produire. Ces variétés sont innombrables, si on les considère d'après tous les caractères qui les distinguent entre elles par les tiges, les feuilles, les grappes, l'époque de leur maturité, leur saveur, leur couleur, la qualité du vin qu'elles donnent, etc. La vigne cultivée dans l'ancienne Grèce avait déjà des variétés si nombreuses, que Démocrite se vantait de les connaître toutes, comme on se vante d'un talent rare et difficile à acquérir. En Italie, le nombre de ces variétés était, du temps de Pline, de plus de quatre-vingts, nombre qui n'est point sans doute exagéré (PLIN., liv. XIV). Il vante, comme étant alors les plus recherchées, le raisin *amminéen*, dont les grains étaient couverts d'une fleur légère; le muscat, recherché des abeilles, et que l'on a nommé en raison de cette qualité, *uva apia ;* le raisin d'Albe ; le raisin *stéphanides* ou à couronnes, dont les grappes étaient garnies de feuilles ; le raisin *oncial*, nommé ainsi, en raison du poids d'un seul de ses grains ; le raisin de Chios, dont le fruit ne renfermait qu'un seul pepin (1) (*bacca monosperma*) ; le raisin *pourpré* (*purpurascens*) ; les *bumastes*, qui avaient la forme de mamelle ; les *dactyles*, la forme de doigts ; les *cérauniens*, les *rhodiens*, les *lybiens*, les *nomentanes*, les *rubellins*, les raisins des vignes appelées *eugénies* (bien nées), d'après l'excellence de leurs fruits, et que l'on avait transportées de Grèce en Italie La plupart de ces variétés sont aujourd'hui perdues ; d'autres variétés les ont remplacées ; cette succession a lieu dans toutes celles que produisent la culture et la greffe, dans les

---

(1) On trouve en Perse, à Schiraz, et dans quelques autres contrées de l'Asie, des raisins qui ont des pepins si petits que l'on peut à peine les apercevoir ; d'autres raisins dont les pepins sont si mous que leur substance se confond avec celle du grain ; d'autres enfin qui sont tout-à-fait sans pepins.

pommes, les poires, les pêches, les figues, etc., comme dans les raisins : une variété change et en produit d'autres, dès qu'on la transporte dans un nouveau climat, et qu'on la soumet à un nouveau genre de culture : ainsi chaque vignoble, chaque exposition a ses variétés de raisins, et c'est de ce choix que dépendent et le succès de la culture et la qualité du vin; on est forcé d'avouer, quand on a employé beaucoup de temps à en faire la recherche, qu'elles sont presque innombrables; il faut avouer aussi que rien n'est plus difficile que la concordance de leurs noms; plusieurs en ont cinq ou six, et reçoivent dans chaque vignoble un nom nouveau, malgré toute l'attention que l'on a apportée à la classification de ces variétés, on trouve dans les vignobles français, au moins dix variétés de pineau noir, quatorze variétés de muscats, et vingt de chasselas, qui ne sont encore désignées par aucun caractère qui serve à les faire distinguer.

Voici les variétés les plus remarquables et les plus connues dans les grands vignobles, avec leur nomenclature et leur synonymie.

MORILLON HATIF, raisin précoce, raisin

de la Madeleine, raisin de Saint-Jean, raisin de juillet (*vitis præcox*) (1).

Ce raisin est un des plus précoces de notre climat, ses grains noircissent long-temps avant l'époque de leur maturité, ils sont petits, peu serrés, et ont la peau dure, la pulpe sèche et le suc peu savoureux; les feuilles sont farineuses et à dentelures larges.

---

(1) La nomenclature dont j'ai fait usage dans ce traité est celle de la Bourgogne, de la Lorraine et du Jura, employée par le célèbre Chaptal ; aux environs de Paris, ces noms ont déjà beaucoup changé. Aux environs de Bordeaux, ils sont encore plus altérés, et sont remplacés par un plus grand nombre de noms nouveaux. Les noms allemands de l'Alsace n'ont presque aucune consonnance avec les noms français. Les noms donnés dans le midi n'ont aucun rapport avec les noms employés dans le nord, pour désigner les mêmes espèces. Voici quelques noms provençaux et languedociens que j'ai recueillis en traversant ces provinces en 1803 : Manosquen ou teoulier, arles, brun fourca, olivetta, panse, sicilien blanc, mourvèbre, bouteillan, plan salé, plan pascal, barbaroux, damagne, ulliade, piqueboule, ugne, figanières, espar, moreau, picarnet, sadoule-bouvier, araignan, spiran, terré, granache, calitor.

Les observations que j'ai faites sur les variétés de la vigne me font douter, dit M. le comte Chaptal, qu'il soit possible d'établir une synonymie positive de toutes nos espèces. (Ch. 162.)

LE MEUNIER, morillon, taconné, fromenté, resseau, farineux noir, savignien noir, noirin (*vitis subhirsuta*).

Grappes courtes, épaisses, à grains noirs, gros, assez serrés, mures après le précédent; feuilles trilobées, couvertes de duvet blanchâtre, cotonneux (*tomentum*), surtout dans leur jeunesse, ce qui les fait remarquer de fort loin, et ce qui a fait donner à cette variété le nom de meunier; ce raisin donne un vin médiocre.

SAVIGNIEN BLANC, unin blanc, matinié.

Variété du précédent, grappe plus volumineuse, grains plus gros, un peu ovales, blancs; vin doux, potable dès la première année.

MORILLON, pineau de Bourgogne, morillon noir, auvernat, bourguignon, pimbart, manosquin, mérille, noirien, gribulot noir, massoutal.

Grappes de grosseur médiocre; grains moyens, peu serrés, enveloppe de la pulpe rougeâtre; saveur agréable; feuilles régulièrement dentelées : c'est le bon plant de Bourgogne; il donne un vin excellent, d'un bouquet agréable.

MORILLON BLANC, daune, daunerie, mornain', meslier.

Grappe plus allongée que dans l'espèce précédente dont elle diffère peu ; feuille verte en dessus, blanchâtre en dessous.

LE FRANC PINEAU, bon plant, raisin de Bourgogne, morillon noir, pinet, pignolet (1), morillon par excellence.

Grappes en cônes, soutenues par des queues très-courtes, grains oblongs et serrés à la grappe, d'un rouge incarnat à l'insertion du pédoncule ; saveur très-sucrée ; feuille courte, d'un vert foncé, rouge en vieillissant, couverte à sa naissance de duvet blanchâtre ; sarmens allongés, roux, rouges à l'intérieur ; bourgeons éloignés. C'est ce raisin qui donne en Bourgogne le vin le plus délicat.

LE BOURGUIGNON NOIR, plant de roi, damas, grosse serine, pied rouge, côte rouge, boucarée, étrange gourdoux.

Ressemble au précédent par la forme de son grain, mais il est moins oblong et beaucoup

---

(1) Ces noms dérivent probablement du latin *pineus pinealis,* qui a la forme d'un cône ou fruit de pin.

moins serré à la grappe; celle-ci est rouge et ailée(1); pétiole ou pédoncule de la feuille court et rouge; feuille un peu obtuse; bois court; bourgeons rapprochés.

GRISET BLANC, pineau gris, ringris, malvoisie, pouilli, griset blanc, le joli, le gennetin-fromenteau, auvernat gris, bureau.

Grappe assez grosse, courte, irrégulière; grains assez serrés, ronds, parfumés, sucrés; bois court et bourgeons rapprochés, caractère commun aux pineaux. Ce raisin donne un vin fort délicat: c'est lui qui domine dans les bonnes vignes de Pouilli.

SAMOIREAU, espèce de pineau à grain allongé, ferme et peu serré; bois court, bourgeons rapprochés. Ce raisin présente trois variétés toutes bonnes vineuses.

SAUVIGNON, sauvignen, servignen, sucrin, fié, morillon blanc.

Grappe courte, petite; grains d'un blanc jaunâtre, plus colorés du côté du soleil; ils se couvrent vers le temps de la maturité de petits points briquetés, caractère propre à faire reconnaître cette variété; feuilles non lobées, à den-

____

(1) Garnie de grappilles latérales.

telures assez profondes, présentant vers leur sommet trois grands festons prédominans. Ce raisin donne au vin, par son parfum, un bouquet tout particulier.

ROCHELLE NOIRE ET BLANCHE, viganne, faigneau, morvègue.

Plusieurs variétés de vignes, cultivées dans les vignobles de la Lorraine et de l'Alsace, portent le nom de *rochelles;* elles sont caractérisées par la profondeur des lobes de leurs feuilles, qui sont en dessus d'un beau vert, et cotonneuses et blanchâtres en dessous. Le vin que fournissent ces raisins est dur et se conserve bien.

LE TEINTURIER, tinteau, teinturin, gros noir, noir d'Espagne, mouré, morien, noireau, portugal, alicante.

On reconnaît, même de fort loin, les ceps du teinturier, à la couleur rouge que prennent leurs feuilles long-temps ayant la maturité des raisins. Ceux-ci sont en grappes inégales et ailées, terminées en cône. Les grains sont globuleux et inégaux, remplis d'un suc rouge très-foncé en couleur, qui ne donne qu'un vin âpre et d'une saveur détestable. On ne doit employer cette espèce de fruit que pour donner de la couleur au moût, et ne cultiver les ceps qui le donnent qu'en petit nombre.

LE RAMONAT, neigrier, gros noir d'Espagne, raisin d'Alicante, de Lombardie.

Variété du meûnier; mais les baies et les grappes sont plus grosses, la feuille a plus d'ampleur, le nombre de ses lobes varie et constitue des variétés. Le suc de ce raisin est aussi très-coloré; le vin qui en provient est de bonne qualité. C'est cette espèce de raisin qui produit le vin d'Oporto.

RAISIN PERLÉ, rognon de coq, c..... de coq, pendouleau, barlantine.

Ce raisin est aisé à reconnaître à son grain oblong, tenu à un long pédoncule, à la grappe composée de plusieurs grappillons pendans, ce qui lui donne la forme allongée; à sa feuille rendue irrégulière par un semi-lobe dans la partie supérieure du côté droit; il donne un vin agréable, qui se conserve long-temps. Ce raisin est bon à sécher au feu et à la préparation du raisinet.

BOCHELLE VERTE, sauvignon vert, folle blanche, meslier vert, roumain, blanc-herdet, enrageat.

Raisin de grosseur moyenne, peau molle,

grain serré, saveur doucâtre toujours acide et peu agréable; feuille lobée, épaisse, verte en dessus, cendrée en dessous, à pétiole rouge; bois jaune à bourgeons rapprochés. Cette vigne fournit beaucoup, et le vin qui en provient est très-avantageux dans la fabrication de l'eau-de-vie.

LA ROCHELLE BLONDE n'est qu'une variété dégénérée de la précédente, et en est distinguée par la couleur de ses feuilles et de son fruit, beaucoup moins foncée.

LE GROS MUSCADET, muscat enfumé, muscadère fromenté (*vitis apiana*).

Grappe moyenne, irrégulière, à grains écartés, presque toujours inégaux, à écorce tendre, d'une couleur indécise entre le blanc et le rose; saveur douce, sucrée, légèrement parfumée; feuille portée sur un gros et long pétiole; le limbe légèrement découpé, ayant une seule échancrure remarquable sur le côté droit.

LE PETIT MUSCADET, muscadère, muscadine, n'est qu'une variété du précédent, à feuilles moins grandes et plus lobées.

LA FEUILLE RONDE, pineau blanc, bourguignon blanc, picarneau, mêlé, menu, gouche ou gueuche blanche.

Grappe compacte à grains si serrés que souvent plusieurs se détachent pour faire place aux autres; ils sont blancs, et prennent à la maturité une couleur dorée; pétioles à trois rainures; feuilles amples, finement drapées ou tomenteuses en dessous; cette variété donne un vin médiocre et sujet à filer.

GOUAIS, GOUAS ou GOUET BLANC, gros blanc, bourgeois, mouillet, verdin blanc, plant madame.

Grains gros, peu serrés à la grappe; feuille entière, entourée d'un large feston inégal, et portée sur un pédoncule délié de couleur grisâtre.

LE GAMÉ NOIR, saumorille, chambonat.

Ce raisin est un de ceux qui résistent le plus aux influences du nord : le plant qui le fournit pousse avec beaucoup de vigueur; le bois et les bourgeons sont gros; la feuille est épaisse, vert foncé et non lobée, festonnée grandement à dents inégales. C'est un raisin qui donne presque constamment des produits abondans; mais son vin est dur et sans bouquet. On doit le bannir des vignobles où peuvent réussir d'autres plants.

LE PETIT GAMÉ, noir, verreau, gouais noir, gueuche noire.

Grappes très-noires, ressemblant à celles du bon morillon, mais n'en ayant ni la saveur ni la douceur sucrée; dentelures de la partie supérieure des feuilles plus inégales que celles de la partie inférieure; il donne un vin coloré, passable.

LE MANSARD, le damour, le grand noir, le vert-gris.

Raisin d'une grosseur considérable, quelquefois de neuf à dix pouces, et d'une forme conique régulière; grains gros, médiocrement serrés; feuilles grandes, épaisses, très-vertes et légèrement dentelées.

LE MURLEAU, mourlot, languedoc, le coq, le cahors, le troyen, l'ardounet, le balzac.

Grappes d'un beau noir velouté, ailées, grains médiocrement serrés vers le bas; feuilles remarquables par la délicatesse de leur dentelure.

LE CORINTHE BLANC, passe, raisin de passe, passerille.

Les Grecs ont ainsi nommé les espèces de raisins dont on hâte la maturité en tordant le pédoncule, encore attaché aux sarmens. Le passe musqué et le raisin de Corinthe étaient choisis pour cet usage. Le même procédé est employé à Lunel, Frontignan, Rivesaltes, pour obtenir les vins muscats les plus suaves et les plus délicats.

La grappe du corinthe est ailée, longue et formée de petits grains peu serrés, sans pepins, qui se couvrent de velouté à l'époque de la maturité, et se colorent du côté du soleil; feuilles grandes, étoffées, vertes en dessus, cotonneuses en dessous; les dents sont longues et aiguës.

Les variétés du corinthe, noire et voilette, sont moins estimées que la variété à fruits blancs.

Une autre variété, avec pepins, a ses grains si transparens à l'époque de la maturité, que l'on peut facilement compter ces pepins à travers leur enveloppe.

Le raisin de Corinthe, que l'on cultive dans les îles de l'Archipel, n'est qu'une variété de celui que l'on cultive en France.

Le MALVOISIE, raisin hâtif, à grains petits et serrés, qui mûrit à la fin de septembre : c'est un excellent fruit. Le muscat de Malvoisie, ou malvoisie musquée, est encore plus agréable.

Le CHASSELAS DORÉ, Bar-sur-Aube, chasselas blanc, raisin de Champagne.

Grosse grappe formée de grains inégaux,

peau dure, jaunâtre à la maturité et de couleur ambrée; feuilles profondément découpées sur un long pétiole.

LE CHASSELAS ROUGE.

Variété du précédent; grains teints de **rouge** du côté frappé du soleil.

LE CHASSELAS MUSQUÉ.

Grains de la grosseur de ceux du chasselas doré; mais ils conservent leur couleur vert-blanc, même dans les parties exposées au soleil. Ce chasselas est le plus tardif de son espèce au nord de la France.

LE CHASSELAS DE FONTAINEBLEAU.

Cette variété, que l'on croit originaire des contrées tempérées de l'Asie, est remarquable par l'exquise saveur de ses grains, doux, mielleux, sucrés, parfumés, et par la facilité avec laquelle on les conserve. Ces grains, lâchement attachés à la grappe, sont blancs-jaunâtres, et ambrés du côté frappé du soleil. Les feuilles sont vertes et peu lobées. Cette vigne a besoin d'une terre légère et d'une exposition chaude; elle se plaît en treilles, et donne de meilleurs fruits qu'en ceps. On fait à Paris une énorme consommation de ce raisin, que l'on sait conserver jusqu'au printemps. On apporte sur les marchés plusieurs variétés de raisins auxquelles on donne le nom commun de chasselas de Fontainebleau.

LE MESLIER BLANC, mornain blanc, morna chasselas, blanc de Bonnelle.

Grappe ressemblant à celle du chasselas doré, grains ronds et charnus, jaunes et roux du côté frappé du soleil, à suc doux et agréable; feuilles palmées, très-échancrées, légèrement tomenteuses, portées sur un pétiole rouge jusqu'à sa moitié; nervures des feuilles roses à leur naissance. Ce raisin est celui que l'on préfère pour sécher au four.

LE CIOTAT, raisin d'Autriche (*vitis folio laciniato*).

Grappe ressemblant au chasselas, mais moins grosse, le grain moins rond; feuilles palmées, à palmes quelquefois divisées jusqu'à l'origine des nervures, et supportées isolément par les divisions du pétiole; couleur jaunâtre, saveur très-douce.

LA PERSILLADE, ciotat (*vitis apii folio*, vigne à feuille de persil); variété de la précédente; mais les grains sont rouges, et la feuille plus découpée, à laciniures plus étroites, ressemble à la feuille d'ache.

MUSCATS, les muscats sont, après les chasselas, les raisins les plus estimés ; mais ils parviennent difficilement dans notre climat à une parfaite maturité, et jamais ils n'y acquièrent cette saveur si remarquable, quand on mange ces raisins dans le midi, leur véritable pays. Les chasselas aiment les terres sèches, un peu sablonneuses, et l'exposition abritée ; leurs grappes sont ordinairement tant fournies de grains, que l'on est obligé d'en supprimer un sur trois : opération très-délicate qu'il ne faut confier qu'à des mains adroites.

MUSCAT BLANC, muscat de Frontignan.

Grappes serrées, grains gros, ovales, jaunes, ambré du côté frappé du soleil ; feuilles d'un vert foncé, à dentelures irrégulières.

MUSCAT BLANC, HATIF, DE PIÉMONT.

Cette variété, introduite depuis peu de temps dans notre culture, a la grappe plus longue que l'espèce précédente, les grains moins serrés et plus *moelleux*.

LE MUSCAT ROUGE, grappe allongée, supportée par un pédoncule très-gros ; grains rouges, presque pourprés quand ils sont frappés du soleil, peu serrés, mûrissant facilement dans nos contrées ; feuilles ressemblant à celles du muscat blanc; elles prennent en automne, une teinte pourprée. La fleur de ce raisin coule facilement, il est moins parfumé que le muscat blanc.

LE MUSCAT VIOLET.

Troisième variété du muscat blanc : ses feuilles sont tout-à-fait semblables, mais les grains sont plus gros, plus allongés, d'une couleur violette prononcée, et couverts de *fleurs;* leur enveloppe est dure. — Le muscat violet, dit *muscat de jésus*, est une sous-variété encore plus recherchée, qui ne dégénère pas, et dont le grain fort gros est très-musqué — Le *muscat vrai* n'est également qu'une sous-variété, dont les grains ont une couleur très-prononcée; cette dernière variété donne à quelques vins du Jura une excellente qualité.

LE MUSCAT D'ALEXANDRIE, passe longue musquée, passe musquée, malaga. Cette espèce a les grains très-gros, ovales, un peu plus renflés vers le sommet, peu serrés, formant de belles grappes de couleur ambrée; leur saveur est fort agréablement musquée; feuilles peu échancrées, à festons nombreux assez aigus.

LE RAISIN DE MAROC, raisin d'Afrique, maroquin, barbaroux.

Grappes très-grosses, composées de grains inégaux, en forme de cœur, d'un violet indécis; sarmens gros; feuilles épaisses, largement dentelées; végétation vigoureuse, mais sans résultat satisfaisant pour notre climat : ce raisin ne mûrit pas, et n'est bon qu'à faire du verjus.

LE CORNICHON (*vitis acino cucumeriforme*).

Cette variété de vigne est remarquable par la forme de son fruit, qui est celle d'un cornichon, ou plus exactement d'une vessie de poisson; ses grains ont environ un pouce de longueur et quatre lignes de diamètre; ils sont terminés en pointe mousse aux deux extrémités, et renferment une ou deux semences ou pepins allongés, de la longueur du diamètre transversal du grain, la couleur de celui-ci est le rouge briqueté.

RAISIN SUISSE, RAISIN D'ALEP (*vitis acino variegato*).

Cette variété offre des grappes dont les grains sont panachés de noir et de blanc, mais fort irrégulièrement; son feuillage paraît en automne également panaché de jaune, de rouge et de blanc, comme les laitues appelées laitues d'Alep, par les jardiniers : la saveur de ce raisin n'a rien qui le rende recommandable.

Le verjus, gray, grégoire, raisin grec, bordelais blanc, rouge, noir, bourdelas œil de tourde des vignobles de Bordeaux.

Grosses grappes formées de plusieurs *grapillons*, grains gros, oblongs, en forme d'olives, d'une couleur verte et rouge; quand il est mûr sa peau est tendre et son suc assez doux, mais le vin qui en provient est de mauvaise qualité; feuilles amples et presque rondes; sarmens gros et vigoureux.

CONSERVATION DES RAISINS.

Le raisin bien mûr est un aliment sain, rafraîchissant et adoucissant, d'une facile digestion pour les estomacs les plus débiles et les plus affaiblis; aussi, en prescrit-on l'usage aux malades, et même dans l'état le plus exaspéré des maladies; mais c'est surtout aux convalescens que ce fruit convient, il les nourrit peu, ne surcharge jamais leur estomac, et provoque des selles faciles. J'ai vu un homme, affecté d'une phthisie très-avancée, se nourrir exclusivement de raisin; il mourut quand cet aliment lui manqua.

Les raisins de treille servent rarement à faire du vin, on les conserve pour raisins de table ou de dessert; on conserve, pour le même usage, quelques espèces de raisins de vigne, tels que les pineaux, les muscadets, les morillons, etc. On cueille les raisins que l'on veut conserver par un temps sec; on les expose sur un lit de mousse un ou deux jours au soleil, pour en dissiper l'humidité; on les porte ensuite au fruitier, où on les étend sur des chennevottes, ou on les suspend à des gaulettes de bois, à des cercles, par la queue ou par le sommet de la grappe, et dans une situation renversée, afin que les grains se trouvent plus écartés les uns des autres : on est plus certain de leur conservation en les suspendant dans des boîtes de bois bien sec, que l'on ferme hermétiquement, et que l'on enfouit dans du sable sec. A Paris, quelques fruitiers conservent les raisins fort long-temps, en le trempant dans une bouillie de cendre, et en les enfouissant dans la cendre sèche; quand on veut manger ces fruits on les plonge dans l'eau fraîche qui en détache la cendre.

On conserve encore les raisins en les faisant sécher. Dans notre climat, le soleil n'étant ni assez chaud, ni le ciel assez constamment pur , on fait sécher les raisins au four. Dans le midi, en Provence, en Calabre, en Espagne, on fait cette dessication au soleil ; on cueille les raisins biens mûrs, on plonge chaque grappe dans une lessive de cendre bouillante, et concentrée à 12 à 15°. de l'aréomètre pour les sels ; on les y tient plongées jusqu'à ce que la peau se ride, ce qui a lieu en peu d'instans. On fait égoutter le raisin sur des claies d'osier, on le fait sécher ensuite au soleil ; cette opération se complète ordinairement en huit à dix jours. En Calabre, on se sert d'une lessive plus caustique, dans laquelle on fait entrer de la chaux vive. Ces raisins, appelés *raisins secs* ou *raisins de caisse*, sont un des produits les plus avantageux pour l'économie domestique; ils se conservent très-bien d'une année à l'autre, et même plusieurs années, si on les tient dans un lieu sec.

Les raisins perdent, par la dessication, environ les deux tiers de leur poids.

Les variétés que l'on préfère pour cet usage sont celles que, dans le midi, on nomme *panse* ; leurs grains sont charnus, peu chargés de pepins; parfumés et un peu acidules ; les raisins appelés dans la même contrée *verdal, araignan, gros sicilien blanc.* La panse muscate donne le raisin de caisse par excellence, mais il est rare dans le commerce.

Les raisins secs de Calabre sont plus sucrés et plus doux que les raisins de Provence, mais ils sont mal soignés, et sont souvent d'une couleur noirâtre.

Les raisains secs d'Espagne sont encore plus mal soignés.

Les raisins de Damas, en grappes ou égrappés, ont une belle couleur d'or, très-peu de pepins et une saveur exquise : ces raisins se conservent deux saisons; mais ils sont beaucoup plus chers que les raisins d'Europe.

Les raisins de Corinthe, qui viennent des îles de Zante et de Lipari, sont très-doux et parfumés; ceux de Zante, qui ont une saveur de muscat et une odeur de violette, sont préférés. Ces raisins ont les grains très-petits, et s'emploient dans la pâtisserie et dans la médecine.

PRODUITS DES RAISINS.

Raisiné.

Avant l'usage du sucre, on préparait les confitures au miel et au moût de raisin : ces dernières confitures, appelées *raisiné*, sont une grande ressource pour les habitans de la campagne , et pour la classe ouvrière et pauvre des villes ; elles sont saines, appétissantes, et d'un prix très-modique.

On peut se servir de toutes espèces de raisins pour la préparation du raisiné, mais il faut choisir les plus mûres et les plus sucrées.

On prend du moût récemment exprimé , on le met dans une bassine de cuivre rouge bien étamée, on chauffe, on écume et on réduit à environ moitié. Dans le nord , on réduit aux deux tiers, et on laisse reposer ensuite le liquide trente à quarante heures dans des terrines , pour favoriser la séparation des cristaux de tartre, qui s'opère par le refroidissement.

On ajoute au raisin des fruits coupés par tranches, ce sont ordinairement des poires à chair ferme et acerbe, telles que le messir-jean, le martin-sec, le bouvard, le franc-réal, le bon chrétien d'hiver, le grossin, le catillac, la poire de vigne. On pèle ces fruits, on les coupe en tranches, on les fait bouillir avec le sirop rapproché; ils se fondent et se combinent à la liqueur, en peu d'instans; on y ajoute quelques aromates, un peu de suc de citron et un peu d'eau-de-vie. On renferme le raisiné ainsi préparé dans des vases de faïence non vernis ou de porcelaine; on le couvre d'un papier trempé dans l'eau-de-vie; on bouche exactement ces vases avec un parchemin mouillé; on les garde dans un lieu sec et frais. Le raisiné bien préparé est doux et moelleux, un peu grenu comme du miel et un peu acide. On préfère le raisiné de Bourgogne, préparé en Bourgogne, et que l'on trouve cependant moins communément à Paris, que le raisiné préparé dans le midi, qui a moins de qualité et qui se vend aussi moins cher.

Sirop de raisin.

Le moût dont on a enlevé l'acide, en l'absorbant avec de la craie, du charbon ou de la cendre (1 à 2 livres par 100 litres), concentré convenablement par un feu doux et bien ménagé, fournit un sirop très-agréable, qui ne le cède pas au sirop de sucre, et qui contient du sucre en grande proportion. Nous avons un excellent traité sur l'extraction de ce sucre, par le savant Parmetier. Aujourd'hui que le sucre de canne abonde, on ne recherche plus le sucre de raisin, qu'il est d'ailleurs assez difficile d'obtenir pur.

VIN CUIT.

Les anciens connaissaient l'art de concentrer le moût, et d'arrêter ainsi la fermentation en rapprochant la matière sucrée. Cet art est fort avantageux dans les pays où les raisins mûrissent peu, soit que l'on verse ce moût concentré dans la cuvée pour favoriser la fermentation vineuse, soit qu'on le conserve comme liqueur de table, en y ajoutant de l'eau-de-vie et des aromates.

Le vin cuit est un mélange à parties égales de ce moût plus ou moins concentré (1) et d'eau-de-vie : on l'aromatise avec quelques

____

(1) Dans le midi, on réduit à demi ; dans le nord, à un quart.

graines d'anis, de coriandre, de fenouil, de badiane, de fleurs de sureau, avec les feuilles d'églantier (*rosa rabiginosa*, L.), et un peu de canelle; on filtre après huit jours dinfusion. Cette liqueur est économique et très-salubre.

VIN DE PAILLE.

Le *vin de paille* que l'on fait en Alsace, et qui rivalise avec le vin de Tokai, n'est autre chose que le moût évaporé par l'exposition des grappes à l'air, sur des claies couvertes de paille. Ces grappes, pressurées ensuite, donnent une liqueur sucrée, dont on fait un vin très-recherché.

Maintenant on préfère suspendre les raisins à des perches : c'est ainsi que je l'ai vu pratiquer dans les vignobles de la Haute-Alsace. On les laisse ainsi exposés jusqu'au mois de mars; ils sont presque desséchés quand on les pressure, et ne donnent que la sixième partie du vin que l'on obtiendrait du raisin frais. Ce vin se conserve long-temps, et s'améliore en vieillissant, au point de pouvoir être justement comparé avec les meilleurs vins de Hongrie.

On fait à l'Hermitage un vin de paille d'une couleur d'or, d'une saveur délicieuse, qui est peut-être supérieur au vin de paille d'Alsace.

C'est le soleil qui cuit les raisins de Malaga, d'Alicante, de Madère, de Chypre, de Condrieux, de Rivesaltes, etc. Les vins précieux qu'ils donnent sont des vins cuits ou des sirops de raisin plus ou moins aromatiques, soit par la différence qu'ils ont naturellement entre eux, soit par les modifications que leur font subir les substances amères, aromatiques, spiritueuses, qu'on y ajoute. Il faut à ces vins peu de travail, peu de fermentation : la nature leur a donné presque toutes leurs qualités lorsqu'ils sont encore sur le cep.

VERJUS.

On appelle *verjus* (jus-vert) les raisins avant leur maturité; mais on cultive, dans le seul but d'obtenir leur suc acide, des raisins à grains très-gros, qui pèsent quelquefois jusqu'à six livres, et que l'on nomme *verjus, bourdelais* ou *bourdelas.* On écrase ces raisins; on en sépare le suc qu'on laisse épurer vingt-quatre heures, et que l'on filtre ensuite au papier gris. On en remplit des bouteilles, l'on couvre d'une légère couche d'huile. La conservation est plus assurée en soumettant ce suc à l'ébullition, d'après la méthode d'Appert. On peut aussi le réduire en extrait sec;

il peut alors se conserver un siècle sans altération.

Le verjus est d'une grande utilité dans l'économie domestique, principalement pour assai-
sonner les mets : quand on n'a point de verjus
de raisin, on se sert du suc de groseilles vertes (groseilles à maquereau), d'épine-vinette,
et même de citron. On prépare avec le verjus
d'excellentes confitures.

Huile de pepins.

En séparant les pepins du marc, et en les
soumettant à la presse, après les avoir lavés et
les avoir fait sécher, on en retire une huile
blanche, limpide, d'une saveur douce et agréable, fort ressemblante à l'huile de noix. C'est
en Italie, il y a environ quarante ans, que l'on
commença à extraire cette huile et à en faire
usage. On l'emploie dans la cuisine et à l'éclai-
rage ; elle donne une lumière pure et presque
sans fumée. Cent livres de pepins fournissent
environ neuf livres d'huile. On a essayé en
France d'extraire l'huile de pepins ; on a assez
bien réussi : mais on abandonne ordinairement
ce produit comme étant trop peu important.

Piquette.

On tire parti du marc de raisin de diverses

manières. Quand on en a tiré le vin, on le fait fermenter de nouveau huit à dix jours, en y ajoutant de l'eau chaude à 15° Réaumur, un peu de mélasse, et quelques poignées de feuilles de pêcher et de fleurs de sureau. Cette boisson porte le nom de *piquette;* elle est d'une couleur tendre, légèrement vineuse et d'une saveur acidule; elle convient beaucoup dans les temps chauds aux ouvriers employés dans les travaux des champs. La piquette que l'on prépare avec les raisins blancs est préférable à celle que l'on prépare avec les raisins rouges.

On retire encore du marc un vinaigre excellent, après l'avoir laissé aigrir.

On en extrait de l'eau-de-vie qui a quelques bonnes qualités. (V. l'art. *Alcool.*)

Brûlé, on obtient de sa cendre environ vingt-cinq livres par mille de potasse sèche.

Le marc convient comme nourriture aux animaux herbivores, tels que les vaches, les chèvres, les mulets; il excite les poules à pondre. Comme il est très-échauffant, on doit le mêler à d'autres alimens.

A Montpellier, on prépare le *verdet* ou *vert-de-gris,* par l'oxidation des lames de cuivre, placées entre des couches de marc.

Le marc, soit en nature, soit réduit en cendres, est un excellent engrais pour les vignes, et n'a pas l'inconvénient d'altérer la qualité des vins.

Enfin, la médecine tire encore parti du marc épuisé, en y faisant plonger les malades, ou seulement quelques membres affectés de rhumatismes, de relâchement, de rachitisme ou de paralysie. On appelle ces sortes de bains *bains de marc.*

DU VIN.

C'est avec le jus du raisin que l'on fait le vin : pour obtenir cette liqueur douée des qualités qui la rendent si justement recommandable, il est de condition expresse que le raisin soit parvenu à sa parfaite maturité ; le temps propre à sa récolte ou le temps des vendanges varie suivant les climats et les expositions. Elle se fait, en France, depuis la fin d'août jusqu'à la fin d'octobre ; le temps moyen pour notre latitude est au 10 octobre (1). Dans les années 1822 et 1825, renommées par la précocité de tous genres de récoltes, on vendangea, sous la même latitude, du 25 août au 10 septembre : dans le midi, en Provence, en Languedoc, les vendanges devancent de quinze jours celles du nord : dans quelques contrées on ne vendange qu'après que les premières gelées ont

---

(1) Le raisin est mûr environ cent jours après l'époque de la floraison de la vigne.

fait tomber les feuilles; cet usage est suivi à Château-Châlons, à Arbois, en Alsace, et dans quelques contrées du midi. Dans le département du Haut-Rhin, j'ai vu vendanger au 15 novembre, lorsque les Vosges étaient déjà couvertes de neige; les reischlinger gris et blancs, qui peuplent les vignobles de ce département, résistent fort bien aux premiers froids et aux premières gelées blanches. En général, le raisin parvenu à sa parfaite maturité résiste à ces faibles gelées; après cette épreuve, il donne un vin meilleur, et qui se conserve plus long-temps. Dans quelques cantons on est dans l'usage de dépouiller la vigne de ses feuilles, quinze jours avant la vendange: en Chypre, en Candie, en Espagne, et dans les îles de l'Archipel, on laisse faner les grappes sur les ceps avant de les couper: on suit la même méthode à Rivesaltes, pour la préparation du vin muscat: en Alsace, on étend ces grappes sur de la paille, et on n'en extrait le vin que quand elles ont subi un certain degré de fane et de dessèchement, qui en épaissit le suc et en retarde la fermentation: c'est le vin connu sous le nom de *vin de paille* (1).

On connait que le raisin est mûr, au rem-

Voyez pag. 69

brunissement plus prononcé de la partie du pédoncule qui s'attache au ceps, par la couleur des grains, par leur ramollissement, par la facilité que l'on a à les détacher de leur rafle, enfin, par la saveur du fruit. Dans le midi, le suc du raisin mûr devient épais et gluant comme du miel. La maturité des baies de sureau, de l'hyèble, de la morelle, et des graines des ombellifères, annonce presque toujours d'une manière certaine le temps de la vendange.

Toutes les variétés de raisin ne mûrissent pas en même temps ; il est de ces variétés qui laissent sous ce rapport de maturité un mois d'intervalle entre elles ; telles sont le morillon hâtif, le raisin de la madeleine et le complant au gros plant, le meslier, le gamet noir. Il ne faut jamais mêler ces plants, pour ne pas être obligé de faire deux récoltes dans le même automne, ce qui est, de toute manière, préjudiciable à la qualité du vin. Il faut aussi remarquer que les grappes des jeunes vignes mûrissent avant celles des vieux plants.

La vendange doit se faire par un beau temps, et le plus promptement que cela est possible, afin de pouvoir soumettre les raisins à une fermentation égale. En Champagne, on préfère vendanger les raisins couverts de rosée; les vignerons assurent que le vin dit mousseux en a plus de qualité. Dans le même pays, on trouve quelque avantage à recueillir les raisins avant leur entière maturité.

Pour obtenir des vins délicats, il convient de trier ou de choisir les raisins. C'est à cette précaution que les meilleurs vins de Bordeaux, de Médoc, de Langon, etc. doivent leur qualité.

Il ne suffit pas que le raisin soit mûr pour faire de bon vin; car on en fait de fort mauvais avec les raisins mûris artificiellement dans les serres, et, en général, avec les raisins de treille : il faut, pour que le vin obtienne de la qualité, que le principe sucré abonde dans le fruit; sans ce principe sucré, point de fermentation vineuse : la saveur douce des raisins n'est pas toujours un indice que le principe sucré y abonde; on le rencontre souvent en plus grande proportion dans les raisins d'une saveur âpre et austère; c'est ainsi que les pommes et les poires, qui ont cette saveur, au point de ne pouvoir être mangées, donnent un cidre ou un poiré parfait; tandis que les pommes douces, servies à nos desserts, ne fournissent qu'une boisson plate, et qui n'est pas potable.

Il est convenable d'égrapper le raisin; par cette opération, on obtient des vins plus fins et plus délicats, et on leur conserve tout leur bouquet, et leur goût de *terroir*, souvent si agréable; mais en enlevant les grappes et en diminuant ainsi l'âpreté du vin, on lui ôte une partie de sa force. Alors il se colore moins, se conserve moins long-temps, et devient sujet à la *graisse*. Ainsi, on n'égrappe pas les raisins qui donnent des vins faibles, on n'égrappe pas les raisins blancs (1); on n'égrappe pas non plus ceux dont on fait du vin pour en extraire l'alcool. Cette opération peut être faite d'ailleurs à moitié, au tiers ou au quart, suivant la qualité du raisin ou suivant celle du vin que l'on veut obtenir. On se sert, pour la pratiquer, d'une

---

(1) Les raisins blancs ne donnent jamais de vin d'une aussi bonne qualité que celui qui provient des raisins rouges. Ce vin se conserve moins bien; il faut pourtant en excepter le vin d'Alsace ou vin du Rhin, faits avec des raisins blancs, qui ne sont jamais entièrement mûrs. Les raisins noirs contiennent plus d'extractif, plus de matière colorante, donnent un vin plus ferme et plus généreux: leurs pepins contiennent aussi plus de substance huileuse; mais ils mûrissent moins dans les vignobles du nord que les raisins blancs.

fourche en fer à trois dents, d'un rateau et d'un crible en fer ou en osier.

On foule les raisins pour en exprimer le suc. Il faut faire la cuve complète avant de commencer cette opération, que l'on pratique avec un pilon de bois ou avec des sabots, soit en entrant dans la cuve, soit dans une caisse trouée au-dessus. On se sert avec beaucoup de succès, pour écraser le raisin, de deux cylindres de bois tournant en sens opposé comme ceux des laminoirs. La cuvée étant foulée, on la laisse reposer : c'est alors que s'établit la fermentation spiritueuse, mouvement spontané, qui modifie, change le *moût*, liqueur douce, sucrée et incolore, en une liqueur très-sapide, colorée, vineuse et enivrante : ce moût est composé de plusieurs principes qui concourent à former ce nouveau produit. On y trouve beaucoup d'*eau*, beaucoup de *sucre;* ce dernier principe est d'autant plus abondant que le raisin approche le plus de sa maturité, qu'il a été recueilli dans une contrée plus chaude : le sucre est combiné dans le raisin avec la pulpe ou partie muqueuse du fruit (mucoso-sucrée). Quand l'eau est évaporée par la dessication, le sucre cristallise isolément; on en voit très-bien les cristaux à la surface des raisins secs; extrait par l'art, il présente les mêmes propriétés que celui que l'on obtient de la canne, de la betterave, de l'érable et de tous les végétaux sucrés. Le sucre est le principe essentiel de la fermentation spiritueuse ou alcoolique. Plus le raisin contient de sucre, plus le vin est généreux; plus il contient d'eau-de-vie, plus il se conserve. C'est donc une méthode très-louable que de faire bouillir, en tout ou en partie, le moût provenant de raisins qui ne sont pas parvenus à une maturité complète, avant que de le soumettre à la fermentation vineuse, et que celle d'ajouter du sucre à ce même moût. L'addition du moût bouillant à la cuvée présente deux autres avantages : 1° celui d'égaliser la fermentation qui commence toujours dans le haut de la cuve, et ne s'y établit jamais simultanément; 2° celui d'augmenter la couleur du vin.

Le vin doit sa couleur à une matière particulière de la nature de la gomme résine, qui réside surtout dans l'enveloppe de la pulpe ou pellicule extérieure. Cette matière bleue, avant la fermentation, devient violette ou rouge quand elle se combine avec l'acide tartareux ou avec d'autres acides. Dans les raisins blancs, cette matière existe, mais elle a une couleur jaune : quand on pressure les raisins rouges, en arrivant de la vigne, le vin qui en provient reste blanc, parce que la matière colorante, qui n'a point été dissoute, reste attachée à l'enveloppe.

Le *tartre* ou l'acide tartareux (tartrate acidule de potasse), est un sel que l'on trouve abondamment dans les vins durs et acerbes, beaucoup moins dans les vins sucrés et généreux : ce sel blanc ou jaunâtre, quand il provient des vins blancs, violet ou rouge, quand il est fourni par les vins rouges, se précipite au fond des tonneaux et des bouteilles, et s'y cristallise par plaques, qu'il est très-facile d'en détacher : ce sel favorise, dit-on, la conservation des vins blancs du Nord : tels sont ceux de la Moselle et du Rhin; mais sa présence contribue plus que tout autre principe à leur âpreté; ce n'est qu'après un laps de temps très-considérable que l'on parvient à les en dépouiller, alors ces vins deviennent potables, mais ils n'ont aucun avantage sur les vins des climats plus tempérés. J'ai bu du vin du Rhin, d'un demi-siècle, qui m'a semblé très-vert et très-âpre (1).

On découvre encore, en faisant l'analyse du vin, une matière particulière très-analogue au gluten de la farine de froment et à la levure de bière, matière susceptible de passer à la fermentation putride, et qui contribue puissamment à la fermentation vineuse. Dans le raisin, cette matière glutineuse réside dans les membranes qui séparent les cellules du grain, tandis que la matière sucrée réside dans les cellules mêmes; c'est par leur contact, quand le raisin est écrasé, que ces deux matières se combinent et fermentent (2). L'analyse du vin donne de l'*alcool* ou *eau-de-vie*, mais ce principe ne se manifeste que dans la distillation, opération inconnue aux anciens, qui, par conséquent, n'ont jamais connu ni l'eau-de-vie ni les liqueurs. Les vins généreux con-

-----

(1) On croit devoir attribuer à la présence de ce sel, toujours plus abondant dans le moût que dans le vin fait, la propriété laxative ou purgative de la première de ces liqueurs.

(2) Voyez à ce sujet les expériences de MM. Fabroni, Thénard et Séguin.

tiennent beaucoup d'alcool : ceux du midi en fournissent près d'un tiers; ceux du nord à peine 1|15 : on en charge avec excès quelques espèces de vins, soit pour leur donner plus de force ou de saveur, tels que ceux de Madère, soit pour assurer leur conservation pendant les voyages de longs cours, tels que les vins de Porto.

Une forte gelée, en transformant en glaçons l'eau surabondante contenue dans le vin, concentre les autres principes, et met l'alcool presque à nu, et cela, d'une manière si évidente, que l'odeur et la saveur de ce principe spiritueux y deviennent sensibles.

L'acide acétique ou le vinaigre se rencontre toujours en plus ou moins grande proportion dans les vins rouges ou blancs; quelques circonstances favorisent le développement de ce principe, tels que la fermentation avec les rafles, une fermentation trop prolongée, ou dans un vaisseau mal couvert, ou dans un lieu trop chaud : il est donc très-prudent que la température de la *vinée* (lieu où l'on fait le vin) ne soit ni au-dessus de 12 à 16° du thermomètre de Réaumur ni au-dessous, et que la cuvée soit, après le foulage, bien couverte de planches et de paillassons; on a remarqué que, par cette dernière précaution, le vin devient plus spiritueux.

Il y a encore un principe très-abondant dans le moût, et qui se trouve même dans le vin qui a le plus vieilli : c'est ce gaz si extraordinaire par ses effets délétères, appelé *gaz acide carbonique*, et que l'on connait dans les vignobles, sous le nom de *gaz sylvestre, air du moût*; ce gaz existe abondamment dans toutes les substances végétales, et se dégage en grande quantité, lorsque la fermentation sépare leurs principes constituans pour former d'autres combinaisons; il s'élève alors au-dessus des cuves, et frappe les yeux et l'odorat d'une manière très-sensible. Il ne tarde pas, quand on le respire quelque temps, à occasioner des vertiges; il altère l'air atmosphérique, et jette dans un état d'asphyxie, souvent mortel, les personnes employées à la préparation du vin, et qui ont l'imprudence de s'exposer sans précaution à ses exhalaisons; c'est ce même gaz qui s'échappe en bulles du vin de Champagne, de la bière, du cidre et de la plupart des boissons vineuses, mises depuis quelque temps en bouteille. Enfin l'acide *malique*, cet acide si abondant dans les pommes, les poires, le cidre et le poiré, existe aussi dans le vin, mais en très-petite quantité.

La fermentation spiritueuse s'établit dans la cuvée, elle fait passer le moût à l'état de vin, et modifie ou décompose, au moyen du gluten, les principes dont je viens de parler: pendant qu'elle a lieu, les rafles et les pellicules du raisin montent à la surface et forment cette croûte épaisse, à laquelle on donne le nom de *gâteau* ou de *chapeau;* il est avantageux de refouler ce chapeau, une ou plusieurs fois, pour activer la fermentation, augmenter la couleur du vin, et pour favoriser le dégagement du gaz carbonique. Lorsque la fermentation s'établit, il se dégage beaucoup de chaleur, la fermentation peut l'élever de 12 à 28 degrés du thermomètre de Réaumur.

On se sert pour reconnaître la qualité du moût, d'une espèce de pèse-liqueur, auquel on a donné le nom de *gleuco-mètre*; cet instrument, marque de 10 à 12° (1) quand le moût provient de récoltes bien mûres, et de raisins

---

(1) De γλεῦχος, moût, μετρος, mesure. Dans le midi, il marque presque 16°. On a calculé d'après des expériences fort exactes, que deux gros de matière sucrée, par pinte de moût, faisait monter le gleucomètre d'un degré.

riches en principe vineux ; 6 à 8 quand la récolte est peu mûre ou de mauvaise qualité. Mais
le vigneron n'a pas de meilleur guide que son
goût, pour reconnaître les diverses qualités du
moût, les progrès de la fermentation et le temps
du décuvage.

Le vin ne doit cuver ni trop ni trop peu de
temps ; dans la première circonstance, il acquiert de la dureté ou de l'aigreur ; dans la seconde, il ne se colore pas assez, est moins riche
en principes spiritueux, et moins facile à conserver. Le terme de la fermentation doit va-
rier, selon la qualité de la vendange, la saison,
le climat et la température. La fermentation
doit être d'autant plus vive et d'autant plus
prolongée que le moût est plus épais et contient plus de principe sucré. Le moment du
décuvage est indiqué par la cessation de cette
fermentation, par l'affaissement du marc ou
chapeau, par la coloration du moût, enfin par
le développement de la saveur vineuse, qui
remplace la saveur sucrée, et par tous les caractères propres au vin fait.

Les vins légers qu'on appelle *vins de pri-
meur*, doivent d'autant moins cuver, qu'ils
sont moins sucrés ; en Bourgogne, on ne les
laisse en cuve que 6 à 12 heures. Dans d'autres

pays 30, 60 heures; 12, 20, 30, et dans les vignobles du nord jusqu'à 60 jours ou deux mois.

Le vin mousseux, dont on retient le gaz acide,
doit très-peu cuver; il est même prudent, dans
les années très-chaudes, de mettre le moût dans
les tonneaux, aussitôt le foulage : la fermentation est alors moins tumultueuse, et il y a
moins de dégagement du gaz.

En général, on ne doit point faire cuver les
vins blancs, au moins avec les marcs.

Les vins fins, qui doivent principalement
leur réputation à leurs parfums ou à leur bouquet, doivent aussi très-peu cuver.

Le vin, tiré de la cuve avant le foulage,
celui porté de suite de la vigne au pressoir,
est blanc, soit qu'il provienne de raisins blancs,
soit qu'il provienne de raisins rouges.

On obtient le vin paillé, en tirant la cuve
au moment où la fermentation est dans son
feu; ce vin est fort stimulant, enivre promptement, et se conserve à peine d'une année à
l'autre.

Le vin *rosé* se fait avec du raisin de choix,
que l'on égrappe, que l'on foule et que l'on ne
laisse cuver que le temps nécessaire au développement de la couleur tendre et rosée que

l'on veut obtenir : on le prépare aussi avec du vin blanc, coloré par l'addition d'une liqueur préparée avec des baies de sureau et de la crême de tartre.

Pour garder le vin dans l'état de moût, et lui conserver sa douceur (vin doux), il faut le mettre, à la sortie du pressoir, dans des tonneaux, les bien boucher, et les plonger ensuite au fond d'une rivière ou d'un puits. La fermentation s'établit assez modérément à l'abri du contact de l'air, et au milieu d'un liquide dont la température la maintient dans cet état modéré.

On met le vin sortant de la cuve dans des tonneaux bien rincés à l'eau chaude; ces tonneaux sont disposés dans une cave ou dans un cellier frais. On bouche ces tonneaux avec une feuille de vigne chargée d'une poignée de sable ou de cendre; le vin continue à bouillir et chasse par la bonde une grande quantité de gaz et d'écume; ce travail du vin s'appelle *fermentation insensible* (1), bien qu'elle se manifeste

---

(1) Les vins sont disposés à fermenter long-temps après ses deux fermentations essentielles. On a remarqué que

par des signes très-sensibles. Le vide qui se forme alors dans les tonneaux doit être rempli, c'est ce que l'on appelle *ouiller*. Dès qu'il ne sort plus rien par la bonde, que la masse du liquide est en repos, le vin est fait ; il commence dès lors à se clarifier, en déposant sa fèce ou sa lie, mélange confus de tartre, de matière colorante et de matière glutineuse.

On porte au pressoir le marc qui est resté au fond de la cuve, afin d'en extraire le vin ; le premier pressurage donne une liqueur assez semblable en qualité au premier vin tiré et mis en tonne, on peut sans inconvénient l'y réunir, c'est le vin appelé de *première taille*. On obtient d'un second pressurage, après avoir relevé les marcs, un vin, *vin de seconde taille*, inférieur au premier, mais qui est encore très-potable ; comme il est plus coloré et plus acerbe, on s'en sert quelquefois pour donner du corps et

---

les vins fermentent ou *travaillent* dans les tonneaux, 1° lorsque la vigne entre en végétation ; 2° lorsqu'elle entre en fleur ; 3° et lorsque le raisin commence à mêler. C'est dans ces momens critiques que l'on doit particulièrement les surveiller.

de la couleur au vin tiré de la cuve. Le vin que l'on obtient de la *troisième taille* est fortement coloré, dur, vert, âpre, et ne doit être conservé que pour être mêlé à des vins très-faibles en saveur, et très-peu chargés en couleur.

Le marc épuisé est entassé et porté à la brandevinerie pour en extraire l'eau-de-vie.

CONSERVATION DES VINS.

Quand le vin mis dans les tonneaux s'est tout-à-fait dépouillé et s'est clarifié, on procède au soutirage ; on soutire les vins faibles les premiers (en janvier), les vins médiocres en mars, les vins forts et généreux, pendant tout l'été. Les vins très-chargés en couleur déposent long-temps et ont besoin de plusieurs soutirages ; quand les vins sont verts, il faut les laisser plus long-temps sur la lie ; on est quelquefois forcé de repasser les vins sur la lie, et de les mêler fortement avec elle, afin de leur faire éprouver un mouvement de fermentation, qui les adoucit et les perfectionne. On soumet au collage ceux que l'on met en *boîte ;* cette opération est toujours nécessaire quand ils ont voyagé en futailles et qu'ils ont éprouvé beaucoup de secousses ; elle convient encore aux vins que l'on transporte au loin ou en d'autres climats, c'est à cet usage précieux qu'est due en partie leur conservation. La méthode du collage des vins varie à l'infini : à Paris, où cette opération se pratique par les tonneliers chargés ordinairement du soutirage en bouteilles, ces ouvriers versent dans le tonneau un mélange de blancs d'œufs, de sel marin et d'eau, battus ensemble; cette méthode est la plus généralement suivie en Espagne et en Italie. On fait entrer quelquefois dans la composition du collage, des cailloux calcinés, de l'amidon, du riz, du lait, de la colle de poisson, des copeaux de hêtres, et tout ce qui favorise la précipitation des matières qui occasionent le trouble dans la liqueur (1).

---

(1) La gélatine et l'albumine se combinent avec le tanin, et se précipitent au fond des tonneaux, en entraînant en même temps les matières colorantes et de tartre mal dissoutes. Il est essentiel de n'ajouter au vin que la matière précipitante nécessaire; l'excès resterait en suspension dans la liqueur et la rendrait visqueuse. On doit donner la préférence à la gélatine (colle de gélatine); deux à trois gros suffisent pour éclaircir ou pour coller une pièce de vin. — Voyez, relativement à cette opération, les détails intéressans consignés dans le *Manuel du Sommelier*, par M. Julien.

Les tonneaux dans lesquels on conserve le vin clarifié doivent être bien conditionnés, reliés en fer, parfaitement bouchés, et placés sur des chantiers, dans une cave qui soit d'une température constante de 8 à 10° (T. R.), ni trop sèche, ni trop humide, ni exposée aux exhalaisons acides, fétides et malsaines, ni au roulis des voitures; plus la masse du liquide est grande, mieux et plus long-temps elle se conserve. Tout le monde a entendu parler de l'énorme capacité des foudres de Heidelberg, ville du Palatinat, dans lesquelles le vin s'améliorait et se conservait des siècles sans s'altérer.

Les vins du midi se conservent à toutes les températures; ceux de Bordeaux résistent, comme les vins d'Espagne, aux chaleurs des étés, hors les caves, et peuvent être impunément gardés dans une armoire ou au grenier : les caves creusées dans un sol humide, telles que celles de Paris, sont peu propres à la conservation des vins : les meilleures sont celles creusées dans le roc, sur le penchant des montagnes et dont la direction est du sud au nord ; les caves creusées dans la craie sont très-favorables à la conservation des vins les plus délicats, les plus exposés à s'altérer. Qui n'a visité, qui ne connaît au moins d'après la renommée, les magnifiques et immenses magasins souterrains que M. Moëte, marchand de vin de Champagne, a fait construire à Epernay.

Le vin n'acquiert ses dernières qualités, ses dernières perfections, que lorsqu'il est mis en bouteilles, et qu'on donne à cette liqueur le temps de s'y améliorer. Les vases en verre ont un grand avantage sur les vases en bois, et même sur les vases en marbre et en porphyre dans lesquels les anciens conservaient le vin pendant des siècles; une bouteille fabriquée en verre d'une demi-ligne à une ligne d'épaisseur, étant bien bouchée, ne laisse jamais pénétrer ni air, ni humidité, ni miasmes dans son intérieur; il n'y a que deux élémens qui puissent agir à travers ses parois, le chaud et le froid; et ce sont deux moyens puissans pour améliorer certains vins, et dont on se sert aujourd'hui avec beaucoup d'avantage et à la grande satisfaction des gourmets.

Les bouteilles, avant de recevoir le vin, doivent être bien rincées et bien sèches. On doit les boucher avec du liége fin, et tremper ensuite le goulot dans du mastic rendu liquide

par le feu. On tient les bouteilles couchées,
on dispose chaque rang en sens opposé et on le
soutient avec des lattes. On enterre quelquefois
dans le sable les vins que l'on veut conserver.
On trouva, il y a quelque temps, dans le sou-
terrain d'un château ruiné, un grand nombre
de ces bouteilles enfouies; ce dépôt datait de
près de 200 ans, le vin qu'elles renfermaient était
exquis.

On a imaginé un grand nombre de recettes
pour augmenter la qualité du vin et pour ajouter
à celles qui lui manquent; le génie de l'homme
paraît avoir été sous ce rapport très-fécond en
inventions plus ou moins heureuses; en cela
les anciens Grecs et Romains ne le cédaient pas
aux modernes, comme nous le ferons voir in-
cessamment. L'art d'ajouter à cette liqueur un
parfum agréable, de lui donner du corps, de
la couleur, de la corriger par le mélange d'autres liqueurs du même genre, ne peut être dé-
crit; c'est l'œil, c'est l'odorat, c'est le goût, et
surtout le bon goût qu'il faut consulter, et plus
encore l'usage qui rejette aujourd'hui les vins
des anciens mêlés de miel, de résines, de myrrhe, de safran, etc. Cette partie de l'art de ma-
nipuler les vins se réduit, 1° à les adoucir ou à

les sucrer, par l'addition du moût cuit et rapproché, du miel, du sucre ou d'un autre vin
très-sucré; 2° à les colorer par l'infusion du
tournesol (*croton tinctorium*, L.) du suc des
baies de sureau, d'hyèble, de vacier ou brim-
belles (*vaccinium myrtillus*, L.), du bois de
campêche, et par le mélange d'un vin très-coloré (vin noir), tels que les vins de Saint-
Gilles, du Languedoc et de la Touraine; 3° à
le parfumer avec le sirop de framboise, l'infusion des feuilles de vignes, que l'on tient suspen-
dues dans un nouet au milieu du tonneau, celle
des feuilles de rose églantine (*rosa rubigi-
nosa*), des fleurs de roses muscates et des roses
de provins (*r. gallica*, L.); 4° à y ajouter de
l'eau-de-vie pour les rendre plus transportables,
plus forts, comme les vins de Madère, de
Porto, etc., et pour les accommoder ainsi au
goût de certains peuples. Quand on sert les vins
sur la table, il faut, pour en développer toutes
les qualités sapides, boire le vin de Bourgogne
frais à la température des caves, le vin de Bordeaux et les vins liquoreux quelques heures
après qu'ils ont été exposés à la température
de l'appartement, qui est ordinairement de

12 à 16° (T. R.), et boire le vin de Champagne très-frais et mieux encore frappé de glace.

On emploie aux environs d'Orléans, pour donner de la couleur aux vins, une préparation vineuse très-colorée appelée *vin râpé*, que l'on obtient en foulant dans du vin rouge des raisins égrappés, et en les laissant fermenter ensemble, ou en faisant fermenter dans du moût des sarmens de vigne : ce râpé est âpre au goût.

MALADIES DES VINS.

Moyens de prévenir et de corriger les maladies du vin.

Les vins liquoreux, les vins spiritueux s'améliorent et acquièrent en vieillissant la perfection dont ils sont susceptibles; les vins délicats tournent à l'aigre ou au gras très-facilement, et ce n'est qu'avec beaucoup de soins que l'on parvient à les conserver plusieurs années; tels sont en général les vins blancs et les vins de Bourgogne, qui dégénèrent rapidement après qu'ils ont atteint leur maturité : c'est donc une sage prévoyance que le consommateur ne s'approvisionne de ces vins qu'au fur et à mesure du besoin; tous les vins ont ainsi une durée limitée, ce terme peut cependant être rapproché ou éloigné, suivant la température de l'année de la récolte, et même suivant le temps de la récolte chaud ou froid, sec ou humide; enfin suivant la nature du sol. Les vins vendangés pendant les pluies d'automne et provenans de raisins qui ont cru dans un terrain gras sont rarement de garde.

Les soins qu'on prend à transvaser et à muter les vins contribuent efficacement à leur conservation; il faut donc, pour prévenir leur altération, répéter et multiplier ces opérations; c'est d'après cette pratique que les vins peuvent se transporter au loin sans s'altérer.

On mute les vins par le soufrage ; cette opération fort en usage, pour les vins blancs et particulièrement dans les vignobles du nord, consiste à faire brûler, suspendue dans un tonneau, une mèche de linge imprégnée de soufre, et à le remplir ensuite de vin. Dans quelques vignobles, on imprègne de vapeurs sulfureuses (gaz acide sulfureux) une certaine quantité du moût de la vendange, et on se sert de ce moût pour soufrer ou muter les autres vins, en en mêlant par tonneau deux à trois bouteilles.

L'opération du soufrage trouble momentanément les vins blancs, et décolore un peu les vins rouges.

Les maladies qui attaquent le plus souvent les vins sont la *graisse* et l'*acidité ;* la *graisse* leur fait perdre leur fluidité et les fait *filer* comme de l'huile. Les vins faibles, peu spiritueux, les vins faits avec des raisins égrappés, les vins gris et blancs y sont sujets.

On remédie à cette maladie du vin par divers moyens plus ou moins efficaces : 1° on transporte les bouteilles dans un grenier ou hangard bien aérés et soumis aux variations de la température; le vin en reçoit un mouvement favorable; 2° on agite les bouteilles, que l'on débouche ensuite brusquement, pour en chasser le gaz et l'écume; 3° on introduit dans les bouteilles quelques gouttes d'acide de citron, et on les agite; 4° on colle le vin; 5° on le soufre; 6° on y ajoute un peu d'alun. Les vins gras donnent de très-mauvaises eaux-de-vie; ce qui prouve qu'ils sont altérés dans leur principe spiritueux.

Les vins tournent à l'*acide* ou à l'*aigre* quand ils sont trop âgés, quand ils sont faibles, quand ils sont en vidange et que l'air agit à leur surface, quand ils sont exposés à une trop haute température et à trop d'humidité; enfin, quand ils reçoivent des mouvemens trop fréquens.

Tant que la fermentation spiritueuse n'est point terminée, et que le principe sucré n'est pas entièrement décomposé, les vins ne tournent point à l'aigre; il est donc très-avantageux de mettre le vin en tonneaux avant que tout le principe sucré ait disparu, parce qu'alors la fermentation spiritueuse se soutient long-temps, et empêche la fermentation acéteuse d'avoir lieu. C'est pour prévenir cette fermentation qu'on ajoute, dans les vaisseaux qui contiennent le vin, du sucre ou du moût cuit.

On prévient l'acidité du vin, en éloignant toutes les causes tendantes à cette altération; mais quand la fermentation est établie, s'il est possible de l'arrêter, il n'est pas également possible de la faire rétrograder; on peut corriger le vin en y ajoutant de la craie, de la cendre, de la litharge, qui se combinent avec le principe acide et l'entraînent au fond du tonneau; avec du sucre, du miel et du suc de réglisse, qui masquent sa saveur désagréable; mais le vin, parvenu à cet état de maladie, est toujours une boisson triste et maussade, que l'on doit employer à tout autre usage, puisque l'on ne la peut rendre à son premier état.

Le vin, parfaitement dépouillé de tout principe extractif, ne tourne plus à l'aigre; des vins vieux, exposés pendant quarante jours, dans

des bouteilles débouchées, à l'ardeur du soleil
des mois de juillet et d'août, n'ont rien perdu
de leur qualité.

Lorsque le vin tourne à l'aigre, l'air se précipite dans les tonneaux le bondon et les luts
sont secs; cela n'arrive jamais quand l'air s'en
échappe avec bruit et que *le vin pousse* : c'est
au temps de l'année de la fermentation des vins
dans les tonneaux qu'ils sont le plus exposés à
cette altération, aux temps de la première végétation, de la floraison et de la maturation.

Quand les vins contractent de l'*amertume*
dans les tonneaux, ou tournent à l'*absynthe*,
le parti le plus sage est de les convertir en eau-
de-vie; ceux qui sont en bouteilles peuvent se
rétablir; ces vins peuvent encore être mêlés
avantageusement à d'autres vins; ils sont d'ailleurs pleins de chaleur et de force.

Les vins, dont la couleur pâlit et s'altère,
de rouge devient noire, de blanche devient d'un
jaune livide, dont le goût annonce qu'ils sont
échauffés, se corrigent par le soufrage ou par
leur mélange avec des vins fermes et généreux.
Voy., pour les divers procédés relatifs à ces maladies des vins, le *Manuel du Sommelier*, de
Julien.

Le goût du fut ou du tonneau que contracte le vin provient du mauvais état du vase qui le renferme; quand cette désagréable saveur n'est point invétérée, il faut transvaser le vin et le placer dans un autre tonneau; rincer préalablement celui-ci avec de l'eau de chaux et avec une décoction de feuilles de vignes ou de pêcher.

Le liège qui bouche les bouteilles donne quelquefois un mauvais goût au vin.

On corrige plus facilement les défauts naturels des vins, que les maladies dont ils sont atteints après leur fabrication; ces défauts sont 1° l'absence des qualités nécessaires; 2° la surabondance d'une de ces qualités; 3° la saveur ou l'odeur désagréables qui proviennent du terroir ou des engrais; 4° l'âpreté ou la dureté; 5° le goût de cuve ou de grappe.

On remédie au premier défaut par le mélange de vins très-généreux ou d'eau-de-vie; au second par le mélange de vins légers, et qui ont peu de couleurs et de spiritueux : on corrige les vins qui ont une mauvaise odeur ou une saveur fade et saumâtre, tels que ceux qui croissentdans le voisinage des côtes de l'Océan, par leur mélange avec des vins francs de goût et généreux. Quand les vins ont de l'âpreté ou trop de *vert*, tels que les vins du nord de la France et particulièrement les vins de Brie et des terrains plâtreux des environs de Paris, il faut les mêler à des vins généreux et à de fortes doses d'eau-de-vie. On corrige le goût de cuve et de grappe par des soutirages fréquens, par le soufrage et par le mélange avec des vins qui ont la saveur franche.

Un phénomène difficile à expliquer, c'est la formation des *fleurs du vin*; ces prétendues fleurs proviennent de l'altération spontanée du principe végéto-animal; ces fleurs se forment sur tous les vins en vidange et sur toutes les liqueurs fermentées, la bière, le cidre, etc., exposées à l'air. On ne peut les corriger de ce défaut qu'en les filtrant.

FALSIFICATION DES VINS.

L'art d'altérer ou de falsifier les vins remonte aux temps les plus anciens.

Cet art perfide, enfant de la cupidité, est extrêmement préjudiciable à la santé des hommes, et les lois doivent sévir contre ceux qui ont encore la hardiesse de le faire servir à leur intérêt comme elles sévissent contre les empoisonneurs.

Si l'altération des vins ne se faisait que par leur mélange avec d'autres vins ou avec l'eau, cette fraude serait au moins sans danger; l'addition des sucs végétaux (1) pour en aviver ou en augmenter la couleur peut être également considérée comme une fraude innocente; mais

---

(1) Tels que les baies de sureau, d'hyèble, l'orseille, les mûres, la teinture de tournesol, les bois de couleur, l'iris, le sucre caramelé, le miel, le poiré, la couleur extraite du *phytolacca.*

ce qui rend le vin essentiellement nuisible,
c'est l'addition des substances métalliques,
telles que l'alun, la potasse et la soude, les
sels de plomb ou la litharge. Nous avons parlé
de l'addition des substances colorantes au vin;
ce mélange n'altère ni sa saveur ni sa vertu tonique, s'il est fait surtout quand le vin est encore en fermentation.

L'eau ajoutée au vin diminue sa force et sa
couleur; ce mélange est toujours facile à reconnaître, le goût seul est le meilleur moyen in-
vestigateur; tous ceux que l'on a imaginés pour
reconnaître cette fraude sont peu sûrs. Il est bien
remarquable que l'addition artificielle de l'eau
au vin soit si difficile à déguiser, quand la
nature elle-même combine si intimement ce
fluide et dans une si grande proportion aux
autres principes composans; mais elle a ses secrets, ses procédés, qui surprennent l'homme
jusque dans les choses les plus communes et les
plus habituelles.

Les vins mélangés ou mêlés à d'autres vins,
perdent quelques-unes de leurs qualités, en
acquièrent de nouvelles, et participent des diverses qualités des vins mélangés; il est faux que
ces mélanges soient nuisibles, et qu'ils ne soient

plus *naturels,* pour me servir d'une expression commune à Paris, où ces sortes de mélanges se font chez tous les marchands, afin de flatter le goût du commun des buveurs, qui n'aiment que les vins capiteux et chargés en couleur (1).

On mêle aux vins, pour les adoucir, de l'hydromel (2), du cidre et du poiré cuits; on imite même le vin avec ces deux dernières liqueurs; ce mélange se reconnaît au goût; en le réduisant en extrait, celui-ci brûle en se boursoufflant et

----

(1) Les vins que l'on emploie pour donner de la couleur aux vins pâles sont principalement ceux du département de Loir-et-Cher, et que l'on connaît sous le nom de *vins noirs.* Dans les bonnes années, une pièce de ces vins peut en colorer jusqu'à sept de blanc. Les vins noirs de Cahors, département du Lot, d'Auvergne et de Roussillon, servent au même usage : on est dans l'usage, avant d'expédier ces derniers, d'y mêler un vingtième d'eau-de-vie, qui favorise leur conservation. On reconnaît souvent cette liqueur dans les vins que l'on débite en détail à Paris : ce mélange est préjudiciable à la santé de ceux qui en font usage; cet usage, long-temps continué, jette dans une ivresse habituelle, qui dégénère bientôt en stupeur.

(2) Boisson composée d'eau et de miel, abandonnée long-temps à la fermentation, et fort en usage dans le nord de l'Europe.

en répandant une vapeur analogue à celle des corps muqueux sucrés que l'on expose à une forte chaleur.

L'eau-de-vie ajoutée au vin laisse facilement reconnaître sa présence à l'odorat. On ajoute au vin des alkalis, pour prévenir leur fermentation et pour empêcher qu'ils ne tournent à l'aigre; on reconnaît cette fraude, en versant dans la liqueur du muriate de chaux qui s'empare de l'alkali; on dégage l'acide acétique (vinaigre) de la base calcaire, en versant sur le liquide, séparé par le filtre de son premier précipité, de l'acide sulfurique; il se forme du sulfate de chaux; l'acide acétique se dégage alors, et se fait reconnaître à son odeur vive et piquante.

On ajoute de l'alun au vin pour en aviver la couleur; en versant de l'eau de chaux dans le vin pur, il se forme infailliblement, après quelques temps, des cristaux de tartre de chaux; si le vin contient de l'alun, cette cristallisation ne peut avoir lieu.

On adoucit les vins, on leur enlève leur acide et leur saveur aigre, en y faisant dissoudre de la litharge (oxide de plomb); ces vins *plombés, lithargyrés* ou *mangonisés*, ont une saveur fade, douçâtre, et un *coup d'œil* louche qui porte à s'en méfier. Un dégustateur exercé reconnaît sur-le-champ la fraude, qu'il est facile de constater, en ajoutant au vin de l'acide sulfurique, qui, en se combinant avec le plomb, forme un précipité blanc, ou en y ajoutant du foie de soufre liquide (sulfure de soude ou de potasse) qui forme un précipité noir; ou enfin en réduisant le vin en extrait, dont la combustion dans un creuset met le plomb à découvert. Plus les vins sont acides, plus il faut de litharge pour les adoucir; ils peuvent en dissoudre plus d'un gros par pinte. Rien n'est plus dangereux que ces vins; leur action lente et sourde n'en est que plus perfide. J'ai vu périr à l'hospice de la Charité de Paris, quand j'y faisais mes études cliniques, un grand nombre de victimes de cette espèce d'empoisonnement, dont le caractère a été parfaitement signalé dans l'ouvrage composé sur ce sujet par M. le docteur Mérat (1).

Enfin on a quelquefois fait infuser dans les vins, pour augmenter leur vertu enivrante, des plantes odorantes et narcotiques : la mos-

---

(1) *Traité de la Colique métallique.*

cateline (*adoxa moschatellina*), plante commune dans tous nos bois, a long-temps servi à
cette fraude, qu'il est plus facile de constater
par l'analyse des sens que par l'analyse chi-
mique.

DES DIFFÉRENTES ESPÈCES DE VINS.

Les espèces ou variétés de vins sont innombrables; déjà, sous l'empire romain, leur énumération était si difficile, qu'un naturaliste (1) ne craignit pas d'avancer qu'il serait plus aisé de compter les feuilles des arbres des forêts. Non-seulement chaque climat, chaque terroir, chaque exposition fait naître ces variétés, mais on peut encore en produire un grand nombre dans le même vignoble et avec les mêmes raisins, en modifiant les procédés de la vinification, et obtenir du même cépage des vins rouges, blancs, paillés, doux, sucrés, âpres, liquoreux, etc.

De là sans doute la difficulté que l'on a toujours trouvée dans leur classification, qui est

(1) Pline.

encore fort embrouillée dans les auteurs. Quelques œnologistes ont classé les vins dans un ordre relatif aux climats ou aux zônes sous lesquels sont placés les vignobles qui les produisent : ainsi la France a trois de ces climats. Ceux du climat du midi (de 42 à 45 degrés de latitude) sont forts, très-chargés d'alcool ou d'esprit, de principe colorant, et ont peu de bouquet, tels que sont les vins de Roussillon, de Languedoc, de Marseille et de Nismes. Ceux du climat moyen (45 à 47° de latitude) sont médiocrement forts, très-faciles à digérer, et ont un bouquet très-flatteur; tels sont les vins de Pomard, Baune, Mâcon, Volnay, Nuits, Pouilli, Blegni, Chassagne, Mursault, Clos-Vougeot, les vins de Bordeaux, etc. Enfin ceux du climat du nord (47 à 50° de latitude) sont faibles, chargés de tartre et de très-peu d'alcool ; tels sont les vins d'Orléans, des environs de Paris, de Champagne, de Lorraine et d'Alsace.

D'autres œnologistes ont classé les vins d'après leurs qualités et leur force, en vins forts, vins ordinaires et vins faibles, d'autres enfin d'après leur couleur, en vins rouges, vins rosés, vins paillés, vins jaunes ou ambrés, vins blancs, etc. Aucune de ces classifications n'est complètement satisfaisante, et ne peut être admise exclusivement.

VINS CLASSÉS

D'APRÈS LEURS PROPRIÉTÉS LES PLUS REMARQUABLES.

Vins rouges.

Mâcon, Auxerre, Dijon, Beaune, Clos-Vaugeot, Romanée, Chambertin, Richebourg, Saint-Georges, Lafitte, Château-Margot, l'Hermitage, Vosne, Nuits, Volnay, Pomard, Mursault, Porto, etc.

Vins blancs.

Aï, Épernay, Mareuil, Haut-Villers, Sillery, Sauterne, Chablis, Baumes, Turkeim, Riquewir, Molsheim, Saint-Péray, Jurençon, etc.

Vins liquoreux ordinairement jaunes.

Vins de Paille, Frontignan, Lunel, Rivesaltes, Grenache, Bagnol, Salse, Roquevaire, Alicante, Malaga, Rancio, Rota, Xérès, Albano, Vino-Santo, Lachryma Christi, Constance, Candie, Schiraz.

Les espèces de vins comprises dans ce tableau forment trois divisions principales, 1° celle des vins rouges, 2° celle des vins blancs, 3° et celle des vins liquoreux, sucrés ou cuits.

Les vins rouges se chargent par la fermentation de la matière colorante attachée à la pellicule du raisin et du principe astringent de la rafle, l'alcool y est presque à nu ; il ne faut qu'un degré de chaleur de plus pour l'isoler ; et quand ces vins sont généreux, ils s'enflamment dès qu'on les répand sur un brasier ardent. Le principe sucré existe encore dans ces vins; mais il est masqué par des principes plus sapides, et plus flatteurs au goût des amateurs. Plus ces vins ont cuvé, plus ils sont chargés en couleur, et mieux ils se conservent ; mais leur bouquet, ce principe si agréable, et dont les chimistes n'ont pas encore reconnu la nature, s'altère par cette fermentation prolongée. L'alcool ou l'esprit domine dans ces vins, particulièrement dans ceux du midi ; il contribue beaucoup à leur longue conservation et à la facilité de leurs transports. Les vins de Porto en contiennent toujours une assez grande proportion. Les vins de Bourgogne fermentent très-peu, et conservent tout leur parfum ; aussi sont-ils très-tendres, et vieillissent-ils peu. Les vins de Bar, sans doute les plus délicats des vins rouges de notre territoire, ne peuvent supporter le transport, sans au moins perdre beaucoup de leur qualité.

Les vins blancs n'ont point fermenté sur le marc, et ont été mis dans les tonneaux aussitôt l'arrivée du raisin de la vigne. On mute ordinairement ces vins pour empêcher la dissipation de l'alcool et qu'ils ne tournent à l'aigre; on concentre la fermentation de ceux que l'on veut rendre mousseux, et on fait ensorte de les mettre en bouteilles encore chargés de leur gaz, qui, en s'échappant brusquement quand on les débouche, soulève le liquide et le fait mousser; on produit ce gaz, quand il manque ou quand il n'est pas assez abondant, par l'addition du sucre candi; mais cet artifice, propre à flatter le goût, ne transformera jamais la liqueur en un vin généreux dont on puisse faire avantageusement usage pour favoriser la digestion. Le gaz dégagé, cette merveilleuse liqueur n'est plus qu'un vin plat et insipide.

> Le masque tombe, le vin reste,
> Mais sa vertu s'évanouit.

Les vins blancs bien mutés, et même les vins de Champagne, bien clarifiés et bien hermétiquement scellés, se conservent un siècle, et voyagent impunément dans les plus lointains pays. On boit ces vins dans les deux Indes et dans les deux hémisphères.

Les vins blancs les plus estimés sont ceux d'Aï et des environs de Reims; ceux d'Aï sont blancs, ceux de Silleri sont également blancs, non mousseux et extrêmement fins et délicats; ceux d'Avise, de Verzi, Verzenai, Mailli sont rouges et clairets, et sont, par leur délicatesse et par leur charmante saveur, peut-être les plus agréables de tous les vins connus; aussi leur prix est excessif, et va jusqu'à 600 fr. la pièce, immédiatement après la vendange. Le vin blanc de Vitry-sur-Marne, participe des qualités des vins de la côte de Reims, et devrait être plus recherché. Ces vins doivent-ils au sol crayeux sur lequel croît la vigne leurs rares qualités? On n'a point encore décidé cette question, mais il est bien certain qu'on ne les recueille que sur ce sol.

Les vins de liqueur, presque toujours d'un jaune ambré, n'ont que très-peu ou n'ont point fermenté, sinon sur la grappe exposée long-temps au soleil, et dans laquelle le principe sucré domine, uni à un principe aromatique et à beaucoup d'alcool, mais entièrement voilé par la matière sucrée. Ces vins, tels que ceux de Frontignan, Lunel, Rivesaltes, Riez, Roquevaire, Ciotat, etc., proviennent de raisins cuits au soleil, et sont très-faciles à imiter avec du moût que l'on fait réduire, et auquel on ajoute du sucre et quelques aromates. A Paris, on trouve beaucoup de ces vins factices ; il y en a des fabriques de temps immémorial ; et rien n'y est plus rare qu'un vin de cette espèce affranchi de tout artifice et de tout mélange ; heureusement qu'ils n'y sont pas d'un usage habituel, et l'on doit peu s'inquiéter de cette fraude, qui sans doute ne peut aucunement nuire. Le vin de paille dont j'ai déjà parlé, tous les vins cuits préparés artificiellement, et le vin de Madère, tant à la mode aujourd'hui, sont également des vins de liqueur ; on ajoute à ce dernier une forte dose d'eau-de-vie, sans doute pour se conformer au goût des Anglais, peuple singulièrement friand de ce vin tonique. On croit que son extrême amertume est due aussi à l'addition de quelque principe étranger au vin, tel que la petite centaurée ou le quassia (1).

Les vins de liqueur se divisent en vins *franchement liquoreux* et en vins *secs*. Les premiers sont doux, sucrés et mielleux ; les derniers sont âpres, durs, piquans, et contiennent plus de principe astringent et de principe tartareux ; la même espèce de vin présente quelquefois ces deux variétés : le vin de Madère en est un exemple. Les vins de liqueur se conservent long-temps, et voyagent au loin sans s'altérer.

---

(1) Bois ou écorce de *quassia amara,* arbre de l'Amérique méridionale.

TABLEAU

DES PRINCIPAUX VINS DE FRANCE ET DES VINS ÉTRANGERS (1).

VINS DE FRANCE.

Aï. — Marne. — Vins blancs fins, légers, pétillans, mousseux, un peu verts avant d'être

---

(1) Les vins diffèrent principalement entre eux par la consistance et par la couleur. Sous le premier rapport, les vins sont *secs, liquoreux* et *moelleux.* Les vins secs se distinguent par leur saveur piquante : tels sont les vins d'Alsace ; ils proviennent généralement des vignobles situés au-dessus du 47ᵉ degré de latitude. Les vins du midi, qui sont analogues par leur saveur à ces vins du nord, sont aussi appelés vins secs : tel est particulièrement le *madère.*

Les vins de *liqueur* sont ceux qui, après avoir complété leur fermentation, conservent beaucoup de douceur, même lorsqu'ils sont très-vieux : ces vins proviennent de vignobles situés en-deçà du 40ᵉ degré.

Les vins *moelleux* tiennent le milieu entre les vins secs et les vins de liqueur; ils n'ont ni le piquant des pre-

faits. — Vins rouges peu chargés en couleur, très-agréables, ayant un goût de terroir tout particulier.

Alsace. — Haut et Bas-Rhin. — Blancs, prenant une teinte jaune en vieillissant, secs, capiteux; incommodant ceux qui n'y sont pas habitués, en raison de la vapeur de souffre employée dans leur fabrication; se conservant long-temps et déposant beaucoup de tartre. Les vins d'Alsace et ceux des provinces d'Allemagne situées sur les deux rives du Rhin sont connus sous le nom de *vins du Rhin.* J'en ai bu qui avait plus de soixante ans, et qui conservait encore beaucoup d'austérité et de *montant.*

Anjou. — Maine-et-Loire. — Rouges, corsés, très-spiritueux, très-généreux. Il faut les garder quatre à cinq ans. On donne la préférence à ceux de Champigné et de Saumur.

Arbois. — Jura. — Rouges et blancs, légers, pétillans, mousseux, potables la première année.

---

miers ni la douceur des derniers : on les récolte principalement entre les 39ᵉ et 47ᵉ degrés de latitude. — Voyez Julien, *Topographie des vignobles.*

Aubagne. — Bouches-du-Rhône. — Vins muscats analogues au roquevaire.

Auxerre. — Yonne. — Rouges, corsés, généreux, bons la seconde année, se conservant bien, surtout quand ils sont faits avec le raisin appelé *pineau.*

Avalon. — Yonne. — Rouges, bouquet agréable (1), se conservant bien.

Bagnols. — Gard. — Rouges, fermes, très-spiritueux. Il leur faut deux à trois ans pour mûrir.

Bagnols-sur-Mer. — Pyrénées-Orientales,

----

(1) On nomme *bouquet* le parfum du vin qui frappe l'odorat et plus encore l'organe du goût ; principe léger, fugace, dont la nature est tout-à-fait inconnue. Ce caractère n'appartient qu'aux vins de qualité ; il est le signe caractéristique qui distingue les vins fins. Le bouquet existe rarement dans le vin encore en fermentation. Celui de Volnay est, je crois, le seul où il se manifeste presque aussitôt le soutirage des cuves. Ce principe odorant ne se transmet ou ne se communique pas, et aucune infusion, aucun moyen artificiel, ne peuvent le remplacer ; il s'échappe et disparaît sans retour quand on soumet le vin à une température un peu élevée, et presque toujours par le mélange et l'altération.

— Rouges, très-colorés, très-spiritueux; saveur fortement vineuse, mais agréable. Ces vins se dépouillent et se décolorent en vieillissant; ils acquièrent la couleur d'or et la saveur aromatique du *rancio* d'Espagne, et se vendent sous ce nom.

Bar-le-Duc. — Meuse. — Rouges, légers, très-agréables, très-délicats, mûrs très-jeunes, d'un transport difficile.

Barzac. — Gironde. — Rouges, spiritueux, fort analogues au sauterne, mais moins fins, et avec moins de bouquet.

Baumes. — Gironde. — Vins ressemblant au sauterne.

Beaugency. — Loiret. — Vins rouges, assez généreux, un peu âpres, avec peu de bouquet, se conservant bien et supportant les longs voyages. Il faut plusieurs années pour les mûrir.

Beaune. — Côte-d'Or. — Vins ordinairement rouges, francs de couleur et de goût, ayant beaucoup de bouquet et de chaleur, vins de Bourgogne par excellence.

Blanquette (vins dits). — Aude. — Vins blancs, spiritueux, d'un bouquet agréable, fort recherchés. Ces vins se récoltent aux environs de Limoux.

Bordeaux. — Gironde et Dordogne. —Vins rouges, un peu âpres; les blancs un peu durs dans leur jeunesse. Mais en vieillissant et en voyageant, ces vins acquièrent une saveur agréable et un bouquet parfumé; ils sont recherchés de toutes les nations et font le tour du globe. Ils sont les meilleurs stomachiques, les plus puissans auxiliaires de la digestion. Voyez *Graves, Lafitte,* etc.

Cahors. — Lot. —Vins rouges, noirs, durs, âpres, peu potables, réservés pour colorer les autres vins. Dans quelques vignobles on force leur couleur par des moyens artificiels.

Cassis. —Bouches-du-Rhône. —Vins muscats analogues aux roquevaires.

Cháblis. —Yonne. —Vins d'une blancheur transparente, parfumés, vineux, très-agréables; occasionant, comme le champagne mousseux, une ivresse passagère; se conservant bien.

Chambertin. — Côte-d'Or. — Couleur rouge; beaucoup de sève, de moelleux, de finesse; bouquet suave. Ces vins sont rares dans le commerce.

Champagne. —Vins rouges, blancs, mousseux et non mousseux, gris, paillés. Voy. *Épernay, Haut-Villers, Sillery, Vitry, Saint-Urbain*, etc. (1)

Chassagne. — Côte-d'Or. — Vins rouges, moins francs, moins fins, moins perfectionnés que les autres vins de la même province. On donne la préférence au chassagne récolté au *Clos-Morjot*.

Château-Margaux. — Gironde. — Vins rouges, doux, moelleux, *soyeux*, bouquet très-agréable.

Chenove. — Côte-d'Or. — Vins rouges, corsés, d'une couleur foncée, les plus colorés des vins de Bourgogne, d'un bon goût, se conservant long-temps.

Ciotat. — Bouches-du-Rhône. — Vins muscats analogues aux vins de Roquevaire.

Clarette de Die. — Drôme. — Vins blancs,

____

(1) Les vins de Champagne mousseux se préparent avec une addition de sucre candi dissous dans du vin blanc avec un peu de crème de tartre ; on rend cette liqueur additionnelle très-limpide, et on en ajoute à chaque bouteille en proportion de la qualité plus ou moins mousseuse que l'on veut obtenir : c'est une opération délicate, comme tout ce qui tient à la préparation de ces vins.

légers, mousseux, spiritueux, d'un bouquet fort agréable et fort recherché.

Clos-Saint-Thierry. — Marne (à deux lieues de Reims). — Vins rouges, ayant la couleur et beaucoup des qualités du bourgogne, jointes à la délicatesse du champagne.

Clos-Vougeot.—Côte-d'Or.—Vins rouges, très-savoureux, très-parfumés, odeur de framboise, le meilleur des vins de Bourgogne, mais peu abondant et très-rare dans le commerce.

Collioure.— Pyrénées-Orientales.— Mêmes qualités que les vins de Bagnols-en-Mer.

Condrieux. — Rhône. — Vins blancs, corsés, spiritueux, bouquet très-suave, couleur jaune ambrée en vieillissant.

Cosperon.—Pyrénées-Orientales.—Mêmes qualités que les vins de Bagnols-en-Mer.

Côte-Rôtie. — Rhône. — Vins rouges, chauds, très-spiritueux, très-ardens, bouquet très-agréable : ces vins s'améliorent en vieillissant.

Côte-Saint-André.—Isère.—Vins blancs, pétillans, mousseux, spiritueux, fins, agréables.

Coulanges. — Yonne. — Vins rouges, vineux, très-généreux, surtout quand les vignobles abondent en pineau.

Cumières. — Marne. — Vins rouges, légers, très-précoces et très-délicats.

Épernay.—Marne.—Vins rouges, paillés, rosés, blancs, mousseux et non mousseux. Grand dépôt des vins de Champagne.

Frontignan. — Hérault. — Vins blancs, jaunes et de couleur ambrée; beaucoup de douceur, de parfum, de suavité; goût de fruit très-prononcé.

Givry. — Yonne. — Vins rouges, ayant le bouquet très-fin et une excellente qualité.

Grave. — Gironde. — Rouges et blancs; beaucoup de saveur, de mordant et de bouquet; verts dans leur jeunesse; ils s'adoucissent en vieillissant.

Grenache. — Vins d'Espagne, imités en France dans les départemens méridionaux, et trop souvent dans les laboratoires des marchands de vins.

Haut-Bryon. — Gironde. —Vins rouges,

âpres dans leur jeunesse, ayant beaucoup de spiritueux. Il leur faut sept à huit ans pour mûrir.

Haut-Villers. — Marne. — Vins blancs et rouges, très-délicats, d'une saveur extrême- ment agréable : c'est, avec le vin de Sillery, ce que l'on peut boire de meilleur en Cham- pagne.

Hermitage. — Drome. — Vins rouges, sa- veur spiritueuse, bouquet agréable; vins aussi estimés que les meilleurs bourgognes et les meilleurs bordeaux.

Irency. — Yonne. — Rouges, bouquet très-vineux, vins très-généreux.

Joigny. — Yonne. — Légers, délicats, très- agréables, portant un peu au cerveau; les plus précoces des vins de Bourgogne.

Jurançon. — Basses - Pyrénées. — Vins rouges et paillets : les premiers ont une belle couleur, de la sève, du spiritueux et un joli bouquet; les paillets sont fins, délicats, d'une saveur très-agréable.

Lafitte. — Gironde. — Vins rouges, légers, très-fins, beaucoup de sève et de bouquet, saveur aromatique de violette et de framboise.

Lunel. — Hérault. — Blancs, jaunes, couleur ambrée, très-parfumés ; ressemblant au frontignan, mais ayant moins de corps et plus de précocité.

Maccabec. — Pyrénées-Orientales. — Vins blancs, liquoreux, fort ressemblant au rivesaltes.

Mâcon. — Saône-et-Loire. — Vins rouges, corsés, fumeux, spiritueux, capiteux, avec un bouquet agréable, se conservant bien.

Madiran. — Hautes-Pyrénées. — Vins rouges, riches en couleur et en parfum, ayant un goût liquoreux dans leur jeunesse, s'améliorant par l'âge, et acquérant des qualités précieuses qui les font comparer aux meilleurs vins de France.

Médoc. — Gironde. — Voyez les vins de *Bordeaux.*

Mercurey. — Côte châlonnaise. — Vins rouges, d'une saveur franche, bouquet fin, très-parfumé.

Meursaut. — Côte-d'Or. — Vins fort ressemblant au volnay, mais plus fermes, plus secs et se conservant plus long-temps.

Muscat. — Voy. *Frontignan, Lunel, Rivesaltes,* etc.

Nuits. — Côte-d'Or. — Vins rouges, corsés, un peu durs, mais d'un bouquet agréable : ils ne sont bons qu'au bout de trois ans et se conservent très-long-temps.

Orléanais. — Vins d'Orléans, Beaugency, de Beauce, du Blaisois, du Perche, du Gatinais ; ils sont ordinairement rouges, souvent foncés en couleur, d'une saveur vineuse, mais sans bouquet : ce sont les vins les plus communément détaillés à Paris, et auxquels on fait subir le plus de préparations.

Pierry. — Marne. — Vins rouges et blancs, remarquables par leur saveur bien prononcée de pierre à fusil.

Poligny. — Jura. — Vins rouges, pleins de feu et de bouquet, trop peu connus.

Pomard. — Côte-d'Or. — Vins rouges, fermes, séveux, généreux, bons à laisser vieillir.

Pommerols. — Hérault. — Vins blancs, liquoreux, pleins de sève et de spiritueux, mais non muscats. On les mêle souvent aux vins blancs pour en augmenter le spiritueux et la saveur.

Pouilly. — Saône-et-Loire. — Vins blancs, fins, corsés, spiritueux, bouquet agréable.

Pouilly-sur-Loire. — Nièvre. — Vins blancs, spiritueux, parfumés, saveur de pierre à fusil.

Rhin. — Voyez *Alsace*.

Riceys (les). — Aube. — Rouges et blancs, spiritueux, agréables, beaucoup de feu ; mais il faut au moins deux ans pour les mûrir.

Richebourg. — Côte-d'Or. — Vins rouges, légers, moelleux, généreux, bouquet très-suave.

Rivesaltes. — Pyrénées-Orientales. — Vins rouges, blancs et liquoreux ; pleins de parfum, de chaleur ; excellens. Le muscat de Rivesaltes est le meilleur vin du royaume.

Romanèche. — Saône-et-Loire. — Vins rouges, corsés, spiritueux, se conservant bien.

Romanée (la). — Côte-d'Or. — Vins de belle couleur rouge rubis, bouquet aromatique, spiritueux, fins, très-agréables, très-généreux, rares dans le commerce.

Romanée (Conti). — Côte-d'Or. — Vins rouges, bouquet vineux, mais bien moins agréables que le précédent.

Rosé. — Champagne. — Vins qui ont légèrement fermenté, ou que l'on a faiblement colorés avec du vin de Fîmes (1). Voy. page 88.

Roquevaire. — Bouches-du-Rhône.—Vins muscats rouges et blancs, d'une saveur franche, parfumés, très-agréables : ce sont des vins très-estimés et très-recherchés.

Roussillon.—Vins très-rouges, très-chargés en couleur, forts, vineux, capiteux, mais sans bouquet ; servant, avec les vins de Cahors et d'Auvergne, à colorer les autres vins.

Saint-Emilion.— Gironde.—Vins rouges, d'une belle couleur, corsés, d'une longue conservation.

Saint - Georges. — Côte - d'Or. — Vins rouges, généreux, chauds, bouquet agréable, saveur moins délicate que les autres vins de Bordeaux.

Saint-Gilles. — Gard. —Vins rouges, très-

---

(1) Suc des fruits du sureau, préparé à Fîmes, petite ville de Champagne.

corsés, très-colorés, fermes, spiritueux, francs de goût, bons pour être transportés au loin.

Saint-Péray. — Ardèche. — Vins blancs, délicats, spiritueux, mousseux, saveur de violette.

Saint-Urbain. — Haute-Marne (à une lieue de Joinville). — Vins rouges, peu colorés, délicats, surtout quand ils proviennent de pineaux; se conservent assez bien, mais ne supportent pas les voyages de long cours.

Salses. — Pyrénées-Orientales. — Vins de qualité analogue au Rivesaltes.

Sauterne. — Gironde. — Vins rouges, moelleux, corsés, bouquet aromatique très-agréable.

Sillery. — Marne. — Blancs, légèrement ambrés, très-délicats, les meilleurs de tous les vins blancs; ils donnent du ton à l'estomac et tiennent le bouche fraîche : ces vins ont été vendus jusqu'à 1000 francs le demi-queue de 200 litres.

Tavel. — Gard. — Vins rouges, peu colorés, spiritueux, saveur agréable; ils gagnent à vieillir.

Terrats. — Pyrénées-Orientales. — Vins

rouges, fins, très-agréables, très-parfumés, ressemblant au rancio.

Thorins. — Yonne. — Vins rouges, d'un bouquet agréable, se conservant et se transportant bien.

Tonnerre. — Yonne. — Vins rouges, corsés, très-agréables, très-restaurans : ce sont les meilleurs vins d'ordinaire, avec le mâcon.

Toremila. — Pyrénées-Orientales. — Vins de liqueur, semblables au terrats, portant le nom de *rancio.*

Vermanton. — Yonne. — Vins rouges, légers, agréables, très-précoces.

Vertu. — Marne. — Vins rouges et blancs, un peu fermes la première année, ensuite fort délicats.

Vitry. — Marne. — Vins blancs et rouges : ceux que l'on récolte sur les coteaux sont excellens, et pourraient rivaliser avec le champagne mousseux.

Volnay. — Côte-d'Or. — Vins rouges, légers, ayant un bouquet et une saveur très-agréables.

Vosne. — Côte-d'Or. — Vins analogues

aux vins de Nuits, mais plus fermes et plus agréables.

Vouvray.—Indre-et-Loire.—Vins rouges et blancs, doux et liquoreux la première année, devenant moelleux et spiritueux en vieillissant, voyageant bien, et très-souvent expédiés pour le nord.

VINS ÉTRANGERS.

Albano. — Italie. — Vins muscats, liquoreux, suaves, très-fins, très-délicats, fort en usage à Rome, dans les meilleures maisons.

Aléatico.—Voyez *Vermouth.*

Alicante.—Espagne.—Vins rouges, jaunes, extrêmement liquoreux, chauds, toniques, suaves; des meilleurs vins d'Espagne.

Asti. — Italie. — Vins rouges et blancs, légers, pétillans, mousseux, spiritueux, très-agréables et très-précoces : ce sont ceux des vins d'Italie qui m'ont paru approcher le plus des vins de France.

Benicarlo. — Espagne. — Vins rouges, chauds, corsés, très-toniques et très-agréables.

Bucellas. — Portugal. — Vins blancs, très-purs, très-généreux : on ne les expédie que mélangés d'eau-de-vie. (1)

Calabre. — Italie. — Vins rouges, très-chargés en couleur et très-spiritueux, un peu âpres (*asperini*) : quelques uns ont un goût de framboise et de muscat. (2)

Canarie. — Afrique. — Vins de liqueur, secs ou moelleux, fort ressemblant au madère.

Cap. — *Constance.* — *Cap de Bonne-Es-pérance.* — Afrique. — Vins rouges et blancs, extrêmement délicats, suaves et parfumés, les meilleurs de tous les vins du globe : le plant provient de Schiraz en Perse. La récolte dans les meilleures années ne fournit pas 1000 hec-tolitres; et comme son produit est toujours re-tenu d'avance, il est presque impossible de s'en procurer en Europe chez les marchands les

---

(1) Ce mélange, que l'on fait subir à quelques vins du midi, s'appelle *viner* les vins.

(2) On est dans l'usage, dans le midi de l'Europe, de transporter les vins dans des outres faites de peau de chèvres, cousues, et quelquefois enduites de goudron, ce qui communique à ces vins une odeur désagréable et repoussante : beaucoup de vins d'Italie, et particulière-ment ceux de Calabre, ont ce défaut.

mieux fournis en vins rares et précieux. J'ai eu le rare bonheur de goûter de ce vin, envoyé à mon célèbre ami le docteur Persoon par sa sœur, propriétaire au Cap.

Chypre. — Asie. — Vins d'abord rouges, prenant ensuite une teinte jaune ou couleur de miel; saveur sucrée, chaude, aromatique, parfumée; vins fins, exquis et chers.

Côte (la). — Suisse. — Vins blancs, secs, spiritueux, capiteux, parfumés, très-chauds, très-agréables.

Grenache. — Espagne. — Couleur paillée ou œil de perdrix; saveur chaude, aromatique, agréablement parfumée, exquise. On imite ces vins dans le midi de la France, et même à Paris.

Lachryma-Christi. — Italie. — Vins rouges, très-liquoreux, très-parfumés, fins, exquis, chers. On vend en Italie beaucoup de vins de liqueur sous ce nom (1).

____

(1) « Plût au ciel ! » s'écriait un docteur allemand en goûtant de ce vin, « que le Christ voulût aussi pleurer dans ma patrie. » *Utinam Christus vellet etiam flere in patriá nostrá.*

Madère. — Ile d'Afrique. — Vins blancs, jaunes, de couleur ambrée, rouges, secs ou liquoreux, parfumés, chauds. Les Anglais, qui font exclusivement le commerce de ces vins, y mêlent de l'eau-de-vie et bien certainement quelques substances amères. Le vrai madère *perle* dans le verre. C'est un des plus puissans stomachiques.

Malaga. — Espagne. — Vins jaunes, ambrés, parfumés, chauds, délicieux, très-stomachiques.

Malvoisie. — Grèce, Morée. — Vins de Grèce, jaunes, rouges, très-liquoreux, très-parfumés, très-chauds. On vend sous le même nom les vins des îles de l'Archipel, de Scio, Ténédos, Santorin, Stancho. On fait en France, dans plusieurs vignobles, du vin de Malvoisie, mais qui n'a jamais la qualité du vin fait en Grèce.

Marque (la). — Suisse. — Vins rouges et blancs, estimés par leur saveur et leur bouquet.

Monte-Fiascone. — Italie. — Vins muscats très-liquoreux, assez semblables aux vins d'*Albano.*

Monte-Pulcino. — Italie. — Vins blancs,

jaunes, muscats, très-liquoreux, très-chauds.

Montilla. — Espagne. — Vins blancs, jaunes, secs, spiritueux, ayant beaucoup de bouquet et de parfum.

OEiras. — Portugal. — Vins rouges et blancs de liqueur, spiritueux, agréables, très-parfumés, connus en Angleterre sous le nom de *vins de Lisbonne.*

Porto. — Portugal. — Vins rouges et rouges pâles, très-toniques, très-spiritueux, très-stomachiques, souvent chargés d'eau-de-vie ; ils voyagent au loin, et se conservent bien.

Rancio. — Espagne. — Vins blancs, jaunes, paillets, ambrés, extrêmement chauds et généreux, prenant fort jeunes le goût de vin vieux.

Rota. — Espagne. — Vins rouges, dont la couleur s'affaiblit en vieillissant ; liquoreux, pleins de chaleur ; bouquet agréable et très-prononcé.

Schiraz. — Perse. — Vins rouges, spiritueux, généreux, d'un excellent goût ; le meilleur vin de toute l'Asie.

Setuval. — Portugal. — Vins de liqueur, secs et muscats, pleins de sève et de parfum.

Tinto. — Espagne. —Vins très-chargés en couleur, chauds, toniques, très-parfumés, ayant même un peu la saveur médicinale; vieux, ils acquièrent un goût piquant qui les caractérise : on les nomme alors *Fondellol.* Ces vins sont plutôt considérés comme remède que comme boisson.

Tokai. — Hongrie. — Vin exquis, liquoreux, parfumé; le premier vin de liqueur du monde, le plus rare et le plus cher.

Vermouth. — Ile d'Elbe. — Vin préparé avec le meilleur vin blanc et des plantes amères aromatiques que l'on y met à infuser : c'est un puissant stimulant pour l'estomac. L'*aleatico* que l'on prépare dans la même île est un vin muscat cuit auquel on ajoute du rhum.

Vino-Santo. — Italie. —Vin liquoreux célèbre, qui a la couleur de l'or, et un délicieux parfum : on le compare au tokai, et on le prépare comme le vin *de paille.*

Xérès. — Espagne. —Vins blancs qui prennent en vieillissant une couleur ambrée; liquoreux, agréables, parfumés; quelques uns sont *des vins secs*. La variété appelée *Pédro-Ximénez* est plus estimée que le meilleur malaga; une autre variété appelée *Paxarète* est aussi très-estimée.

Telles sont les principales espèces de vins connues dans le commerce. J'en ai indiqué, autant que cela m'a été possible, le caractère, d'après la couleur, la saveur et tout ce qui peut frapper les sens; mais je ne saurais me flatter d'une rigoureuse précision, ni d'être de l'avis de tout le monde dans ce genre d'analyse. Combien de difficultés présenterait d'ailleurs un travail parfait sur cette matière délicate, qui met souvent en défaut les plus habiles gourmets. Ne sait-on pas que les vins varient dans la même espèce selon leur âge, la manière dont on les conserve, et suivant leur état de repos et d'agitation occasionés par de longs voyages; que le goût varie lui-même dans chaque dégustateur, suivant son âge, son état sain ou maladif, et même suivant les substances qu'il a mangées avant que de boire, enfin suivant ses préjugés favorables ou défavorables à telle ou telle espèce de vins. Ceux qui font un usage habituel des vins de Bordeaux trouvent ceux de Bourgogne trop spiritueux ; les habitués aux vins de Bourgogne trouvent ceux de Bordeaux âpres et froids. Ainsi, avant de porter son jugement sur une espèce de vin, il faut oublier les qualités des autres espèces, bonnes ou mauvaises, et ne s'attacher qu'à celles de l'espèce soumise à l'examen : autrement on serait exposé à prendre pour un défaut ce qui est réellement une qualité. C'est ainsi que l'on accuse, par un manque de réflexion, le vin du Rhin d'être trop vert et trop piquant, le vin du Rhône d'être trop capiteux, les vins liquoreux du midi d'être trop sucrés, le madère d'être trop amer, etc.

En parcourant les différens pays qui fournissent les vins les plus célèbres, on reconnaît et l'on est forcé de convenir que notre sol est le plus riche en variétés, et que celles-ci y sont innombrables (1) ; qu'il n'est pas un vin étranger qui ne puisse être imité par un vin de France ; et si l'on compare les vins du Cap, de Malvoisie, de Tokai, de Vino-Santo, de Moscadilla, avec nos meilleurs vins de Rivesaltes, de

---

(1) Ces variétés sont, à ma connaissance, au nombre de plus de quatre mille.

Salces, de Bagnols, de Cosperou, de paille, etc.,
on demeurera incertain auquel de ces vins on
doit donner la préférence. Aucun vin étranger
n'a jamais réuni les excellentes qualités, la lé-
gèreté, le moelleux, ni le bouquet d'un vin de
Bourgogne et de Bordeaux; jamais sur les tables opulentes on n'en a servi de plus fins, de
plus exquis, de plus agréablement spiritueux
que les vins de Rheims et d'Aï. La France, encore sous ce rapport, conserve, et probablement conservera toujours, une supériorité in-
contestable.

DE LA VIGNE ET DU VIN

CHEZ LES ANCIENS.

La chronique des Hébreux fait remonter au temps voisin du déluge la plantation de la vigne, et attribue à Noé la découverte du vin (1). Les Egyptiens attribuaient cette découverte à Osiris; les Grecs à Bacchus, qui paraît être le même personnage mythologique. Ainsi l'origine de cette liqueur est enveloppée de fables

---

(1) Dans toutes les langues, ce mot a la même consonnance, ce qui prouve son origine d'un seul point du globe; tandis que l'eau, répandue partout, a une dénomination différente dans toutes les langues mères : en hébreu, *maïm*; en grec, υδωρ; en latin, *aqua*; en allemand, *wasser*; en russe, *voda*. Le vin, en hébreu, *iaïn*, mot que l'on reconnaît dans le grec οινος; en latin, *vinum*, évidemment dérivé du grec; en allemand, *vein*; en polonais et en russe, *vina*; en italien, *vino :* ce mot a la même consonnance dans toutes les langues modernes.

comme la plupart des découvertes qui remontent à une haute antiquité.

Les Hébreux cultivaient la vigne dans toute l'étendue de la Palestine, et en obtenaient des vins qui sont très-renommés dans les livres saints (1), remplis d'allusion relatives à cette liqueur (2). Déjà dans ces temps reculés on l'altérait par le mélange de substances résineuses et aromatiques, pour en augmenter la saveur et la vertu échauffante (3). La culture de la vigne, introduite dans la Grèce, remonte aux premiers temps de la civilisation de cette contrée célèbre. Athénée donne cet honneur à un fils de Deucalion, le Noé de la mythologie : c'est une de mille analogies entre les fables grecques et les fables juives. Les vignes chez les Grecs de l'antiquité se cultivaient hautes ou en hautains, comme cela se pratique encore aujourd'hui dans ce beau pays. On y faisait le vin d'après le procédé que l'on suit encore

---

(1) Les vins de Sorée, de Sébama, de Zaïel, dont parle l'Écriture Sainte.

(2) Voyez surtout le Cantique des Cantiques.

(3) Osée, cap. 14, § 8.

dans le midi pour la confection des vins de liqueur : c'est le plus simple et le plus près de la nature. Les Grecs avaient plusieurs espèces de vins ; mais ils préféraient les vins doux, sucrés et odoriférans. Je vais entrer dans quelques détails relativement à cette préparation, en parlant du vin chez les Romains, qui importèrent de la Grèce en Italie et les plants et l'art de préparer cette liqueur.

Le vin était extrêmement rare en Italie dans les premiers temps de la république (1) : on n'en faisait usage alors que dans les sacrifices. On planta d'abord les vignes dans la Campanie, aux environs de Naples ; on ne planta de vignes aux environs de Rome que vers l'an 600 de sa fondation : on les cultivait en hautains, on les mariait aux arbres, comme cela se pratique encore aujourd'hui dans toute l'Italie. La vendange faite, on foulait le raisin ; on portait les rafles au pressoir ; on réunissait les moûts, et on les faisait passer à travers un couloir de lin ; ensuite on déposait le vin dans de grands vaisseaux de

____

(1) Pline, livre x.

marbre ou de terre cuite, appelés *amphores*
et *cades* (1), que l'on bouchait avec de la poix,
de la cire ou du plâtre; on marquait sur les
vases l'année de sa récolte (2), et on le laissait
dans ces vases un grand nombre d'années. Ces
vins étaient conservés dans un lieu frais; les
plus forts et ceux que l'on voulait garder long-
temps étaient placés dans des endroits décou-
verts, exposés à la pluie, au soleil, au froid
et à toutes les intempéries : là ils acquéraient,
en s'adoucissant, des qualités fort recherchées
des anciens Romains. Gallien parle des vins
d'Asie, que l'on exposait à une chaleur artificielle, en les suspendant au-dessus du foyer,

---

(1) L'amphore était un vase de terre, de verre ou de
marbre, à deux anses, qui contenait deux urnes ou environ
quatre-vingts pintes. Le cade était une espèce de tonneau
en forme de pomme de pin, et qui contenait moitié plus
que l'amphore. Les Romains ont les premiers fait usage
de tonneaux pour transporter le vin : ces vases étaient inconnus aux Grecs, qui se servaient d'outres.

(2) On marquait aussi le nom du consul nommé cette
même année : ainsi on disait indifféremment les vins de
tant de feuilles, ou l'année de tel consulat.

O nat amecum consule Maulio!

HOR.

et qui acquéraient par l'évaporation la dureté du sel. On conservait ces vins jusqu'à cent ans (1). Pline dit qu'on en buvait qui avaient presque deux siècles, et qui avaient acquis par la vieillesse la consistance du miel; il fallait, pour les rendre fluides, les faire dissoudre dans de l'eau chaude.

Le temps nécessaire pour mûrir et perfectionner chaque espèce de vin était parfaitement connu des anciens. Le vin de Sabine pouvait se boire la première année; il était vieux à trois ou quatre ans.

> Deprome quadrimum Sabina,
> O Thaliarche, merum diota.
>
> Hor.

____

(1) *Durant ad huc vina ducentis fere annis, jam in speciem redacta mellis asperi.* (Plin., lib. xiv.)

On emploie aujourd'hui un moyen semblable pour adoucir ou mûrir les vins de Madère. On a construit, depuis environ vingt ans, d'immenses étuves, où l'on entretient constamment une chaleur de trente à quarante degrés. Le vin s'adoucit dans cette atmosphère échauffée, et prend en peu de temps une apparence de vétusté que ne lui donneraient pas cinq à six ans de garde. On parvient aussi à vieillir le vin sec en l'enfouissant dans du fumier chaud, et en l'y laissant plusieurs mois.

Il fallait dix ans au vin de Tibur, de dix à vingt ans au vin de Falerne : passé ce temps, il devenait trop capiteux et affectait les nerfs. Les vins d'Albe n'étaient parfaits qu'à quinze ans, ceux de Surrentum à vingt-cinq ans, etc. (1)

Les anciens possédaient l'art de modifier leurs vins. Ils avaient, comme nous, des vins rouges, des vins blancs, des vins de liqueur et des vins cuits, *sapa*, *defrutum* (2); ils avaient leurs vins d'ordinaire et leurs vins de choix, qui ne paraissaient qu'aux repas somp-

---

(1) Falernum ab annis decem ut potui idoneum et a quindecim usque ad vigenti annos : deinde grave est capiti et nervos offendit. Albani vero quum duæ sint species, hoc dulce, illud acerbum, ambo a decimo quinto anno vigent. Surrentinum vigesimo quinto anno incipit esse utile, quia est pingue et vix digeritur, ac veterascens solum fit potui idoneum. Tiburtinum leve est, facile vaporat, viget ab annis decem. Lubicanum pingue et inter albanum et falernum putatur usui ab annis decem idoneum. Gauranum rarum invenitur, at optimum est et robustum. Signimum ab annis sex potui utile.

(2) Cuit au tiers, *sapa;* à moitié, *defrutum.* — *Vinum album, rubrum, nigrum, vetus, novum, recens, hornum, trinum, molle, lene, vetustate edentulum, asperum, merum,* etc. Plin.

tueux ou dans les occasions extraordinaires.
Un des plus estimés des Romains était le vin
d'Albe. Le vin de Falerne obtenait le second rang parmi les vins fins; venaient ensuite
ceux de Calène, de Sabine, de Massique, et
celui de Cécube, tant vanté par Horace; ceux
de Rhétie, et le vin dur et grossier de Sur-
rente, que Tibère appelait du généreux vinaigre, *generosum acetum*. Les vins grecs les
plus recherchés étaient ceux de Naxos, de
Cos, de Lesbos, de Chio, de Thasos, comparé
à une liqueur divine; de Maronée et de Samos. (1)

Pour augmenter la force et la saveur des
vins rouges, et pour favoriser leur longue
conservation, on introduisait dans les vaisseaux un mastic composé de poix, de cire, de

______

(1) Tous ces vignobles ont bien dégénéré. On cherche
en vain en Italie ces vins tant vantés dans les écrits de
Columel, de Pline et d'Horace : tout cela est changé. Le vin
de Cécube avait déjà dégénéré sous les empereurs qui suc-
cédèrent immédiatement à Auguste. Pline dit de ce vin :
Antea cecubo vino generositas celeberrima. Strabon
trouvait détestable le vin de Samos; mais d'autres vignobles ont acquis de la renommée, lorsque ceux-là sont
tombés dans le mépris et dans l'oubli.

sel et d'encens, mélange que l'on brûlait quelquefois, comme on brûle les mêches de soufre dans les tonneaux qu'on veut muter. Cette opération s'appelait *picare vina*, et les vins perfectionnés par ce procédé, *vina picata*. On ajoutait au vin de la résine,

Resinata bibis vina, Falerna fugis.

MARTIAL. (1)

du mastic, de la myrrhe (*vina myrrhata*) de l'encens ou oliban; de l'absinthe, comme dans le vermouth; de l'origan, du nard, du thym, des roses, du miel, de la farine d'orge, des fruits; des jaunes d'œufs (2), comme dans le *samboyon* des Italiens; de l'eau de mer, qui, au rapport d'Athénée, se trouvait avec excès dans les vins de Rhodes et dans la plupart des vins grecs. On clarifiait les vins avec des blancs d'œufs (*vitellus*) (3), comme nous le pratiquons encore aujourd'hui.

____

(1) Est-ce d'après cet usage, ou de la ressemblance de la grappe du raisin à la pomme de pin, que ce fruit est dédié à Bacchus?

(2) Baccius, *de conviviis antiquorum*.

(3) Horace, sat. II.

Il n'est resté de cet art de parfumer les vins que la préparation de l'hypocras, liqueur fameuse, long-temps présentée sur les tables somptueuses de nos rois, et que l'on a tout-à-fait proscrite depuis l'introduction des liqueurs devenues à la mode au seizième siècle.

ACTION DU VIN

SUR L'ÉCONOMIE DE L'HOMME.

Le vin est la liqueur spiritueuse la plus généralement et la plus anciennement en usage;
c'est un des meilleurs restaurans, un des plus
prompts excitans, et la boisson stimulante qui
convient le mieux à notre économie; il est le
meilleur ami de l'homme, le compagnon de sa
vie, le soutien de sa vieillesse, le consolateur
de ses infortunes, le véhicule digestif des alimens dont il se nourrit, et dont il peut seul
tenir lieu; enfin la joie de ses repas et l'ornement de sa prospérité. Un repas sans vin, dit
un de nos plus spirituels écrivains, est comme
un bal sans orchestre, un comédien sans rouge,
un confiseur sans sucre, et un apothicaire sans
quinquina.

C'est une propriété commune à tous les vins
d'être toniques et stimulans, de frapper de
leur action presque simultanément tous les

organes (1), d'éveiller l'imagination en même temps qu'ils stimulent l'estomac, d'associer l'énergie de l'intelligence à l'énergie des forces musculaires, et de tenir sous leur influence tous les organes, toutes les facultés vitales.

L'action stimulante du vin se manifeste par des phénomènes très-apparens : par l'augmentation de la sensibilité, de la contractilité et de la chaleur des organes ; par l'accélération de leurs fontions, qui, sous l'influence de cet agent tonique, se font mieux et plus complétement. C'est ainsi que l'augmentation de la sécrétion salivaire favorise la mastication et la déglutition des alimens, que l'exhalation plus abondante des sucs digestifs dans l'estomac et dans les intestins transforme plus promptement ceux-là en chyle, et par conséquent les dispose mieux à la nutrition de l'économie. Cette augmentation d'énergie vitale se montre dans tous les organes soumis à ce stimulant : tous les mouvemens sont accélérés ; toutes les fonctions acquièrent un surcroît et

---

(1) *Assumpto alimento statim corroboratur.* L'aliment pris, on est aussitôt restauré.

même une surabondance d'énergie; tout s'éveille, tout se ranime, tout s'exalte sous l'empire de cette boisson vraiment vitale, salutaire, bienfaisante, quand on borne son usage, et que l'on s'arrête où commence l'abus.

La différence des vins, sous le rapport du plus ou moins grand degré de fermentation qu'ils ont éprouvé dans le travail de la vinification, et par conséquent sous le rapport de leur couleur, leur différence d'âge, en apportent de très grandes dans leur manière d'agir.

Les vins rouges doivent être préférés aux vins blancs et aux vins de liqueur pour l'usage ordinaire, en cela qu'étant plus toniques que stimulans, ils favorisent la digestion sans fatiguer ni le cerveau ni les nerfs. Ces vins, quand ils sont jeunes, nourrissent beaucoup (1);

---

(1) Le vin nourrit les personnes qui sont privées d'alimens solides. On a vu un grand nombre de naufragés se soutenir avec cette unique ressource. Les personnes de *la Méduse*, dont l'histoire a tant de fois déchiré les cœurs français, n'ont eu d'autre aliment pendant les treize jours d'angoisses qu'ils luttèrent contre une affreuse mort. Les buveurs de profession mangent fort peu, et les ouvriers qui boivent du vin mangent moins et se soutien-

vieux et *dépouillés*, ils nourrissent moins et stimulent davantage les organes : c'est alors qu'ils conviennent aux estomacs débiles, aux vieillards et aux convalescens. Très-chargés de couleur, ils ont ordinairement un certain degré de stipticité ou d'astringence qui les rend très-utiles, soit pendant le traitement, soit pendant la convalescence des fièvres muqueuses, des fièvres putrides (adynamiques), du scorbut, de la léucorrhée chronique ou des flueurs blanches, et de la plupart des maladies caractérisées par la débilité, la langueur et le relâchement.

Parmi les vins rouges toniques, on comprend les vins de Bourgogne, particulièrement ceux de Beaune, les vins de Roussillon et ceux de Bordeaux (1). Ces derniers ont cela

---

nent mieux. Voyez, à ce sujet, l'écrit original de **Mercier**, intitulé : *Ergo vinum alimentorum optimum.* Paris, 1617.

(1) Les vins de Bordeaux triomphent en général dans les pays étrangers. Ils varient beaucoup dans leurs qualités; ils ont des rivaux que quelques personnes leur préfèrent; mais ils sont, relativement à la vigueur et à la facilité du transport, les premiers de tous les vins de France. Un vin de

d'avantageux qu'étant très-lents à se faire, ils enivrent peu, ce qui les fait appeler *vins froids,* expression qui n'est point du tout exacte. Les vins blancs, ordinairement très-chargés de gaz, et n'ayant pas subi une fermentation complète, sont par cela même promptement stimulans et promptement enivrans ; mais c'est une ivresse instantanée, qui se borne à égayer, étonner, étourdir, et qui passe vite, sans laisser de malaise. Ces vins ont une action vive et pour ainsi dire éthérée ; ils facilitent beaucoup la digestion et les sécrétions de tous les genres ; ils sont surtout puissamment diuré-

---

Bordeaux de première qualité, et parvenu à son degré de maturité, doit être pourvu d'une belle couleur, de beaucoup de finesse, d'un bouquet très-suave et d'une sève qui embaume la bouche ; il doit avoir de la force sans être fumeux, et du corps sans être âcre ; il doit ranimer l'estomac en respectant la tête, et en laissant l'haleine pure et la bouche fraîche. Ces vins, conservés purs, sont susceptibles d'être bus à haute dose sans incommoder. Le transport par mer, écueil ordinaire de plusieurs des meilleurs vins de France, n'altère pas la qualité des vins fins du Bordelais, et l'on a vu ceux de la dernière qualité acquérir ainsi celle de la première. — Voy. la *Topographie des Vignobles,* par Julien, ouvrage dont on ne saurait trop recommander la lecture aux amateurs des bons vins.

tiques, et passent si promptement, que le liquide dont ils stimulent la sortie en retient
l'odeur et quelquefois la propriété de mousser
quand on l'agite. Les vins blancs ne conviennent guère aux malades, excepté quand il s'a-
git de stimuler vivement quelque organe ou
quelque appareil : on les emploie avec succès
dans les maladies hypochondriaques, dans
l'atonie des voies urinaires et des organes de la
génération, dans quelques hydropisies, enfin
dans quelques fièvres putrides accompagnées
d'une grande prostration des forces (1). Les
vins blancs soufrés sont très-échauffans et nuisent aux personnes délicates; ils excitent la
toux, et occasionent des migraines insuppor-
tables, et une ivresse *lourde* et permanente
qui affecte long-temps : il faut laisser ces vins
aux estomacs robustes des contrées du nord.

----

(1) J'ai connu un médecin de campagne qui n'employait
pas d'autre remède, lequel réussissait constamment sur
des hommes épuisés par le travail et par le besoin de
bons alimens. Lisez le singulier traité de Meysonnier,
médecin de Lyon, intitulé : *Les merveilleux effets du
vin, et la manière de guérir avec le vin seul.* Lyon,
1639.

Les vins sucrés, liquoreux ou cuits, d'Alicante, de Malaga, de Malvoisie, de Tokai, du Cap, etc., etc., chargés de mucoso-sucré, d'alcool, et quelquefois d'un principe amer, sont de très-bons restaurans, de très-bons stimulans, de puissans auxiliaires de la digestion, un aliment pour les malades qui ne digèrent plus, enfin une véritable panacée pour l'estomac. On a vu un grand nombre de fois des moribonds se ranimer sous l'influence de ces vins liquoreux et chargés de principes stimulans ; qui sont les vins par excellence des malades, et même, pour ces derniers, les vins du *départ* ou de l'*étrier*.

Les vins, indépendamment de la vertu stimulante qui leur est propre, peuvent en acquiérir de nouvelles, soit qu'on les mêle à l'eau, pour en former une boisson saine et rafraîchissante, soit qu'on les soumette à un bain de glace, pour modifier leur saveur et pour les rendre plus tonique, comme on a coutume de le faire pour le vin de Champagne mousseux (1); soit enfin,

―――――――――――――――――――――――――――

(1) Les anciens glaçaient le vin servi sur leurs tables, en y ajoutant de la neige.

quand on a l'intention de les rendre plus promptement stimulans, qu'on les imprègne d'une douce chaleur, en y mêlant de l'eau bouillante, à l'exemple des anciens, ou en les faisant chauffer sans mélange. Le vin mêlé à l'eau, ou *l'eau rougie*, est pour la plupart des malades une tisane de prédilection, et une de celles dont ils se lassent le moins.

C'est dans les repas, et dans les repas les mieux assortis en mets et en convives, car il doit régner ici une mutuelle dépendance, que les vins paraissent dans toute leur pompe, et qu'ils se disputent l'honneur et la prééminence de la qualité; c'est là que les partis sont aux prises, devant le tribunal sévère des gourmets exercés, des juges qu'aucun intérêt étranger ne peut ni distraire ni séduire. C'est à l'amphytrion à les présenter par ordre et sans confusion, relativement aux services; il appartient à son génie d'assortir chaque espèce aux mets, et de savoir établir une relation, une sage concordance entre le bouquet des uns et la saveur des autres. Qu'il ait surtout égard à cette maxime de morale gastronomique, de ne présenter jamais de vins médiocres, ni de *vins du cru*, à moins qu'il ne possède les meilleurs vignobles de Grave ou

de Pomard. Rien n'indispose les convives, rien
ne chasse leur hilarité, comme le mauvais vin ;
et quand le goût a été froissé désagréablement,
il est difficile de lui rendre sa pureté virginale,
et de composer favorablement avec lui. C'est
ainsi que, dans la plupart de nos jugemens, on
tient beaucoup à la première impression ; souvent de celle-ci dépend la disgrâce ou la faveur.
Ecoutons à ce sujet les sages et lumineux pré-
ceptes que nous donne notre savant confrère
en dégustation M. de Périgord. (1)

« Essayant de fixer les attributions de chaque vin, commençons par celui qui sert de
base à un dîner, et qui, sous un nom modeste,
mérite cependant toute l'attention du gourmand. Son nom de *vin d'ordinaire* indique
assez l'usage journalier de ce vin; mais si l'on
réfléchit que c'est celui dont on boit le plus et
le plus souvent, on devra convenir en même
temps qu'il doit être d'une très-bonne qualité,
attendu que les vraies jouissances sont celles
qui embrassent tous les momens. En général,

____

(1) Almanach des Gourmands pour 1825.

on attache, dans certaines tables, trop peu d'importance au *vin d'ordinaire*. Il ne me serait pas difficile de nommer une foule d'amphytrions qui, se fiant à la délicatesse de leurs vins extraordinaires, osent offrir, pour l'usage commun, de la véritable piquette. Eh! gourmand superficiel, oublies-tu donc que cette piquette est la boisson habituelle? Oublies-tu donc que les vins les plus délicats du monde ne dédommageront pas tes convives, si tu leur as d'abord, par un vin détestable, déchiré les houpes du palais? Tu allègues en vain que le vin d'ordinaire est mélangé d'eau. Combien de gourmands se sont imposé la règle de ne jamais boire d'eau! Et ceux même qui en boivent n'ont-ils pas le palais assez fin pour saisir, à travers les flots de la nymphe de Seine, le goût du vin qu'ils y mêlent! Conviens-en, tout ceci n'est qu'une excuse maladroite qui trahit ton orgueilleuse avarice.

« Les vins d'Orléans, d'Auxerre, de Joigny, de Coulanges, de Vermanton, et des autres crus de basse Bourgogne, et les vins communs de Bordeaux, sont, en général, adoptés pour l'usage ordinaire par les demi-gourmands, autrement dit par les amphytrions d'une demifortune. Quelques méridionaux ont adopté les gros vins de Marseille et de Rousillon, usage funeste à la santé non moins qu'au palais. Les gourmands d'un degré supérieur adoptent les vins de Mâcon, de Moulin-à-Vent, les secondes qualités de beaune, les thorins, quelques vins rouges de Champagne, ou les troisièmes qualités de bordeaux. Enfin, un petit nombre de très-fins gourmets ne craignent pas d'offrir, à l'ordinaire, les premières qualités de beaune et de volnay, les bordeaux de Grave et de Saint-Émilion. Mais ces exemples sont rares, et une grande fortune seule doit conseiller de les imiter.

« Souvent, après le potage, un gourmet prudent offre un verre de madère sec ou de ténériffe; le vin d'ordinaire occupe seul la table jusqu'au second service; alors, avec le rôt, il est d'usage de servir les vins dits *d'entremets*, les premières qualités de beaune, le pomard le clos-vougeot, le chambertin, ou, suivant le goût du convive, les secondes qualités de bordeaux, le saint-émilion, le château-margaux, le grave. Le passage de ces vins est rapide. Aussitôt qu'aux rôts ont succédé le troisième service, les entremets, les légumes, les pâtisseries élégantes, on voit arriver le bordeaux-laffite, le délicieux la romanée, l'hermitage, le côte-rôtie, ou, si les convives préfèrent le vin blanc, le bordeaux blanc, le sauterne, le saint-péray, etc. Mais le dessert succède bientôt au troisième service. Alors on voit paraître tous les vins délicieux d'Espagne ou de Grèce; le vieux porto, le doux malvoisie, le royal jurançon, le malaga et le muscat; le rota et le vin de Chypre paraissent ensuite, et le tokai est versé dans de très-petits verres. Enfin, pour couronner l'œuvre, le champagne pétille dans le cristal, et la gaîté, déjà répandue parmi les convives, se manifeste en propos joyeux et en piquantes plaisanteries. »

Que doit-on craindre, pour la santé, de ce mélange de tant de différentes espèces de vins? Tout s'ils sont de mauvaise qualité, et le moindre inconvénient est une ivresse pénible et dégoûtante; rien si les vins sont choisis, car la joie bruyante des convives augmente l'énergie des fonctions vitales, réintègre celles qui sont troublées, et rétablit l'équilibre. C'est cette ivresse vraiment loyale, vraiment bachique, que les plus graves médecins et les philosophes de l'antiquité, Hippocate, Gallien, Arétée, Celse, Dioscorides, Avicennes, ont recommandée comme un précepte d'hygiène. Le vin est un bienfait des dieux immortels, et la véritable manière de les honorer, c'est d'user de leurs bienfaits.

CONSIDÉRATIONS SUR LE VIN,

RELATIVEMENT AUX TEMPÉRAMENS, AUX AGES, AUX PROFESSIONS, AUX CLIMATS ET AUX MALADIES.

Le vin plaît à tout le monde; c'est une liqueur éminemment salutaire, et ce n'est jamais son usage modéré qui peut nuire, mais bien l'abus que l'on en fait. Je n'ai jamais remarqué que ceux qui admettent habituellement le vin dans leurs repas fussent plus sujets aux maladies et qu'ils vécussent moins long-temps que ceux qui ne boivent que de l'eau et qui se soumettent, soit par raison, soit par nécessité, à un régime *abstème* (1). On vante la force et la longévité des buveurs d'eau; mais si ces mêmes hommes avaient fait usage du vin, ils seraient devenus bien plus forts, et auraient

____

(1) Abstème, qui ne boit pas de vin.

probablement vécu bien plus long-temps (1).

Que l'on s'abstienne de vin dans l'enfance et dans la jeunesse, quand les forces physiques surabondent : l'usage de cette liqueur stimulante paraît être alors au moins superflu quand il n'est pas nuisible. C'est un précepte d'hygiène très-sage que celui qui en proscrit l'excès, comme véritablement incendiaire, dans l'âge de l'enfance et dans l'âge des passions. L'homme perd en vieillissant cette énergie vitale; ses forces s'affaiblissent, ses passions s'éteignent, sa mémoire et son imagination s'altèrent sensiblement : il faut lutter contre tant de causes de dépérissement; il faut user d'artifice, remplacer l'eau

---

(1) Cela me rappelle l'épitaphe singulière du jurisconsulte Tiraqueau, qui vivait au quinzième siècle :

HIC JACET

QVI AQUAM BIBENDO

VIGENTI LIBEROS SUSCEPIT,

VIGENTI LIBROS EDIDIT

SI MERUM BIBISSET:

TOTUM ORBEM IMPLESSET.

Ci gît qui, en ne buvant que de l'eau, fit vingt enfans et écrivit vingt volumes. S'il eût bu du vin, il en eût rempli toute la terre.

par le vin, réchauffer un feu qui s'éteint, ranimer des organes languissans; rappeler la vie, qui n'est rien quand elle est menacée de faiblesse, d'infirmités, et de l'inquiétude d'une fin prochaine.

> . . . . . Sic tu sapiens finire memento
> Tristitiam, vitæque labores,
> Molli, Plance, mero. . . . .
>
> HORAT.

J'ai beaucoup entendu parler de personnes qui sont nées avec l'horreur du vin, et qui n'ont jamais pu vaincre cette répugnance. Elles étaient peut-être dans la même circonstance qu'un jardinier que je connais à Paris, et qui a la plus grande antipathie pour cette liqueur. Cet homme, parvenu à l'âge viril, est vigoureusement constitué, et très-robuste. J'ai pensé que ce dégoût était la conséquence de cette grande force vitale et musculaire, une espèce d'instinct naturel dirigé contre une boisson trop excitante, instinct que probablement altérera l'âge avancé : car le vin est le lait et la nourriture des vieillards ; ils ne peuvent pas plus s'en passer que l'enfant du lait de sa nourrice, et ils ne s'en abstiennent jamais impunément. Le docteur Sangrado, ce partisan outré de l'eau dans le traitement des maladies, devenu vieux, mit du vin dans son eau : la plupart des buveurs sont forcés de faire tout le contraire. Il n'y a pas de buveurs d'eau sans cet instinct impérieux qui inspire à l'homme dès sa naissance, comme à la plupart des animaux, l'insurmontable dégoût du vin et des boissons spiritueuses; mais ces cas sont rares, et il faut au contraire de puissans motifs pour faire surmonter un besoin ordinairement plus impérieux que tous les conseils et que toutes les menaces. Un malade est bien gravement affecté quand il repousse sa boisson d'habitude; si cette répugnance dure plusieurs jours, il faut en désespérer, et j'ai observé que ce besoin de boire un verre de vin est le dernier que le malade éprouve, et le premier qui amène sa convalescence; qu'il est très-prudent, même dans les maladies qui font proscrire toute boisson excitante, de lui accorder au moins quelque tisane qui ait la couleur du vin : son erreur le charme et apaise ses tourmens.

Un malheureux, condamné par sa misère à l'abstinence sévère du vin, en sent tout le poids; rien ne le console, rien ne le soutient contre le mépris dont on l'accable ; le chagrin, le désespoir, mettent bientôt fin à sa triste existence. Quelques bouteilles de vin eussent réveillé sous ses haillons toute la morgue de l'opulence et tout l'orgueil de Diogène.

Un dévot qui s'impose la pénitence sévère de renoncer au vin devient bientôt morose, hypochondre, faible, pusillanime, crédule, fanatique, convulsionnaire, furieux, en un mot un objet de pitié, et que des actes d'une religion mal entendue corrigeront moins qu'un retour sincère au culte de Bacchus. Ces faits heureusement sont isolés, et fort rares aujourd'hui, car il n'existe pas de peuples buveurs d'eau, et mieux vaudrait sans doute un peuple d'athées : ce peuple ne pourrait pas exister long-temps en corps de nation, car, où il n'y a ni vertu, ni énergie, il ne peut y avoir ni lois vigoureuses, ni gouvernement stable. Les peuples encore barbares, les peuples même les plus sauvages, ont des boissons stimulantes, des liqueurs enivrantes : les Russes ont leur *quass*, les Tartares leur *koumiss*, les Chinois leur *facki*, les Indiens leur *tabaxir*, les Turcs leur *opium*. Ces boissons ne ressemblent au vin que par leur propriété enivrante, et l'ivresse qu'elles causent est pénible et flétrissante. Leur usage d'ailleurs ne saurait être habituel : elles laissent l'homme, après l'avoir fortement remué, dans son premier état d'indifférence et d'abrutissement. O hommes faits pour la servitude et qui restez courbés sous son joug, vrais troupeaux de rois ! voulez-vous acquérir quelque renommée, faire naître un siècle qui dissipe votre barbarie, qui vous sauve du mépris des peuples, et qui vous élève au niveau des nations éclairées? Plantez la vigne, ou faites venir à grands frais cette liqueur de génie et d'enthousiasme, que fournissent les coteaux de Bordeaux et de Champagne.

En considérant les effets du vin sur l'économie de l'homme, il faut avoir égard aux modifications que leur fait subir l'habitude? Elles sont telles que ces effets si véhémens deviennent presque nuls quand on fait un usage journalier du vin, et surtout quand on a long-temps abusé de cette boisson : telle personne que troublait un verre de vin en boit impunément plusieurs bouteilles; telle autre qui trouvait très-fort le vin d'Argenteuil ou d'Orléans trouve à peine à la hauteur de ses organes les vins de Beaune et de Bordeaux. Le goût s'use en raison de l'âge et des abus: celui d'un enfant diffère de celui d'un vieillard, et tandis que le premier fait la grimace en vidant le fond d'un verre, l'autre est à peine réveillé par les vins les plus spiritueux et par de l'eau-de-vie à 22 degrés. Le vin prescrit comme médicament agira d'autant mieux, sans doute, que l'on sera moins fait à son action excitante. Voilà pourquoi il enivre si promptement ceux qui en boivent peu ou qui en font usage après une longue abstinence : c'est une propriété commune à toutes les liqueurs spiritueuses, et que partage le café. Il est encore digne de remarque que les personnes affaiblies par une longue maladie ou par l'âge, quel que soit d'ailleurs l'état de leurs organes, s'enivrent bien plus facilement que les personnes jeunes, saines et vigoureuses.

Relativement à la différence des tempéramens, il est important de considérer le vin comme une liqueur toujours nuisible, quand elle n'est pas nécessaire à l'entretien de l'économie et à l'augmentation de l'énergie vitale : ainsi par conséquent les personnes douées d'un tempéramment éminemment sanguin doivent, sinon s'en abstenir entièrement, du moins en modérer l'usage ; les personnes nerveuses, et celles qui sont d'une constitution sèche,

irritables, irrascibles, sujettes aux passions violentes, doivent aussi en user avec sobriété.
Celles qui sont, au contraire, douées d'un tem-
pérament lymphatique, chez lesquelles se fait
remarquer la prédominence des chairs molles, dont les muscles et les organes paraissent
dans un état de bouffissure et de relâchement,
ces personnes, dis-je, se trouvent bien de l'u-
sage du vin, et surtout des vins généreux, rouges, toniques et légèrement astringens (1).

L'homme qui fait un emploi fréquent de ses
forces doit, pour les réparer, faire usage du vin;
le cultivateur, le soldat et le voyageur en
marche, doivent s'animer par cette liqueur; les
ouvriers qui travaillent sur les rivières, qui ont
fréquemment les pieds dans l'eau, ceux qui
travaillent dans des caves, les égoûts ou dans
d'autres lieux humides et malsains , prévien-
nent par l'usage du vin le scorbut, les ulcères

---

(1) Non seulement de l'usage interne, mais encore de
l'usage externe, des lotions, des bains de vin, qui sont
dans quelques circonstances des agens médicamentaux
très-salutaires. Le *baume du Samaritain*, composé de
vin et d'huile, est utilement mis en usage dans le traitement des plaies et des ulcères atoniques.

atoniques, les fièvres intermittentes et d'autres affections plus ou moins graves.

L'usage du vin doit encore être modifié suivant les saisons et suivant les climats: au printemps, on boit modérément; en été et pendant les jours chauds, il faut être sobre, ne boire sans mélange d'eau que les vins légers et acidules, et se contenter de quelques verres d'un vin généreux; en automne, on a beaucoup moins à craindre de l'usage du vin bu avec excès; cette liqueur convient dans cette saison humide, et quand une température chaude et constante ne vient plus animer la nature; l'automne est le règne des maladies les plus opiniâtres; le vin les prévient: c'est la meilleure médecine prophylactique ou de précaution. On tient plus la table et l'on mange plus l'hiver que dans toute autre saison; il faut aussi boire davantage; c'est d'ailleurs le temps du repos et des plaisirs *casaniers* : il faut lutter sans cesse contre son intempérie, et céder au besoin d'accroître ses forces et de stimuler ses organes. Mais il faut alors redouter l'ivresse; quand on s'expose au froid, elle occasione un engourdissement général et un sommeil apoplectique et mortel. Ce que j'ai dit des saisons peut s'appliquer aux climats. Toujours utile et rarement nuisible dans ceux qui sont tempérés, le vin est extrêmement préjudiciable par l'excès dans les climats du nord, quand on s'expose dans un état d'ivresse à l'impression d'un air glacial. Il faut également en redouter l'excès dans les climats chauds : les médecins qui ont observé les maladies contagieuses de ces climats ont reconnu qu'elles sévissent avec plus de promptitude et d'intensité sur les nouveaux débarqués et sur les habitans qui se livrent aux excès du vin et des liqueurs spiritueuses.

Les femmes, si éminemment nerveuses, et douées de tant de sensibilité, que la moindre impression, le moindre événement inattendu, produisent sur elles une émotion; les femmes ne sauraient trop se prémunir contre les effets du vin bu sans modération. L'influence de ces excès s'étend très-loin chez ce sexe délicat : elle altère leur beauté, détruit le velouté et la fraîcheur de leur peau, enflamme et bourgeonne leur visage, grossit leur voix, les rend querelleuses et impudentes, dérange enfin leur menstruation, et les expose à la stérilité. C'est sans doute d'après de semblables considérations que les Romains défendirent le vin aux femmes (1), et punirent les infractions à cette loi aussi sévèrement qu'ils punissaient l'adultère : le mari avait le droit d'appliquer la peine ; les parens de sa femme avaient celui de baiser celle-ci sur la bouche, pour reconnaître l'odeur de son haleine. Cette loi humiliante, et qui semblait autoriser les plus étranges abus, fut peu de temps en vigueur. L'usage modéré du vin est tout aussi salutaire pour les femmes que pour les hommes ; tout aussi nécessaire dans quelques circonstances relatives aux climats, aux saisons et à leurs maladies (2). Mais il n'appartient pas plus aux premières de boire immodérément (3) qu'il n'appartient à ceux-ci de porter des jupons et de faire de la tapisserie.

---

(1) Pline, liv. xiv. — Plutarq., *Quest. rom.* — Ovide, *Fast.*, lib. ii. — Valère-Maxime.

(2) Le vin est un puissant auxiliaire dans le travail de l'enfantement ; je ne connais de moyen ni plus simple ni plus sûr.

(3) Une femme ivre est un objet hideux, repoussant, le dernier terme de la dégradation de ce sexe, qui n'est rien sans la modération et sans la pudeur.

DE L'IVRESSE.

Le vin est une liqueur si agréable et si bienfaisante, qu'il ne doit pas paraître surprenant de rencontrer, même au sein de la bonne société, tant de personnes qui en usent sans retenue; et puisque, selon la maxime de Sénèque, *il faut régler sa conduite sur d'illustres modèles* (1), ces modèles ne manquent pas parmi les personnages les plus marquans et les plus illustres. Tel est ce penchant à l'ivresse, qu'un grand nombre de ces hommes, recommandables par les plus éminentes qualités, lui ont sacrifié leur réputation de modération et de vertu, et même leur santé et leur vie. Noé fut le premier, d'après la Génèse, qui but avec excès et qui montra ce que l'ivresse a de

(1) Vita est instituenda illustribus exemplis. — Sen., *epist.*

honteux et d'avilissant. Cet exemple n'a pas plus corrigé les hommes que la séduction de notre mère commune n'a corrigé les femmes.

La plupart des poètes de l'antiquité et plusieurs philosophes célèbres pour leur gravité n'ont pas dédaigné de sacrifier sur l'autel de Bacchus : ces derniers ne regardaient pas l'ivresse comme une chose incompatible avec la vertu. (1)

Ces philosophes, nonobstant le respect et l'admiration dont ils aimaient à recevoir les hommages, s'abandonnaient quelquefois à l'ivresse : Socrate buvait beaucoup sans en être incommodé; la raison, chez lui, étouffait sans doute les vapeurs du vin ; Aristippe voulait qu'on associât le vin à tous les plaisirs; Platon, qui en défend l'usage aux jeunes gens et aux magistrats, est très-indulgent envers ceux qui célèbrent la fête des dieux; Caton, le sévère Caton, ne croyait pas déroger aux mœurs rigides des stoïciens en buvant jusqu'à l'ivresse; Sénèque appelle cela un délassement, et dit que ce

---

(2) Habebitur aliquando ebrietati honor, et plurimum meri cepisse virtus erit. — Sen., *de Benefic.*

philosophe a plutôt honoré ce défaut qu'il ne s'est lui-même déshonoré : *Laxabat animum curis publicis fatigatum..... Catoni ebrietas objecta est, et facilius efficiet quisquis objecerit honestum quam turpem Catonem....*

> Talia ne dubites potare exempla secutus.
> Qui sapit ille bibit : qui bibit ergo sapit.

Anacréon, Tibulle, Virgile, Horace, Catulle, Ovide, et tous les poètes des beaux siècles de l'antiquité, ont chanté l'aimable, la poétique influence du vin. Horace convient que c'est à cette influence inspiratrice qu'il est redevable d'une grande partie de sa verve et de sa célébrité :

> Quo me, Bacche, rapis tui
> Plenum ! quæ nemora aut quos agor in specus,
> Velox mente novà ! . . . .

Anacréon, couronné de pampres et soutenu par les Grâces, mourut en avalant un grain de raisin ; Aristophane animait sa verve comique avec le meilleur vin de Lesbos ; un autre poète, aussi très-ivrogne et très-satyrique, mérita cette épitaphe, qu'Athénée nous a conservée :

> Multa bibens, multa vorans, mala plurima dicens
> Multis, hic jaceo Timocreon Rhodius.

Enfin le poëte Philoxène souhaitait avoir le cou long comme celui d'une grue, pour goûter plus long-temps la saveur du vin.

A Rome, les poëtes étaient sous la protection de Bacchus. Ovide nous apprend qu'ils célébrait la fête de ce dieu au mois de mars; mais les anciens, supérieurs aux modernes sous tant de rapports, ne les ont point surpassés dans l'art de boire, ni de louanger le dieu du vin. J'en atteste Rabelais, Maître Adam; Régnier, le père de la satyre française; Chaulieu, l'émule d'Anacréon; Santeuil, que l'on doit placer entre Horace et Pindare; Racine, Boileau, Lafontaine, Molière, Chapelle, Saurin, Gallet, Collé, Piron; enfin Parni, le plus aimable de nos poëtes, l'heureux rival d'Ovide et de Tibulle, le joyeux compagnon de Dorat et de Bertin.

Les physiologistes s'occupent encore aujourd'hui à rechercher quel est celui des élémens composant le vin qui peut occasionner l'ivresse. Quelques uns ont attribué cette propriété à l'alcool; mais les vins qui contiennent le moins de cet élément enivrent aussi promptement que ceux qui en contiennent le plus. Les vins du Rhin, peu spiritueux, ne le

cèdent pas, sous ce rapport, aux meilleurs
vins du midi. Les vins généreux, purs et
sans mélanges, enivrent moins promptement
et moins désagréablement que les vins légers et mélangés. Quelques chimistes ont cru
que la vertu d'enivrer résidait dans une huile
éthérée ou volatile qui constitue le *bouquet;*
mais l'existence de cette huile dans le vin n'est
pas encore bien démontrée, et ceux qui en
paraissent tout-à-fait dépourvus n'enivrent pas
moins que les vins les plus agréablement parfumés. Le gaz acide carbonique est peut-être
le principe qui cause l'ivresse, et voici sur
quoi s'appuie mon raisonnement : 1° Ce gaz
seul, mélangé à l'eau ou à d'autres liquides,
leur donne la faculté de troubler le cerveau
et d'occasioner une ivresse légère, comme
l'ont éprouvé les personnes qui ont bu, étant
à jeûn, quelques verres d'eau de Seltz, de
Sultz-matt, de Néris, ou d'une autre eau acidulée par la présence de l'acide carbonique;
2° tous les vins contiennent ce gaz en plus ou
moins grande quantité et en combinaison plus
ou moins intime; 3° les vins blancs, et tous
les vins qui ont peu cuvé, contiennent ce gaz

en grande proportion, et si peu adhérent au liquide, qu'il se dégage par la moindre agitation, ce qui démontre qu'il y est moins dans un état de combinaison que dans un état de mélange; 4° des symptômes semblables à ceux occasionés par ces vins naissent de la respiration des vapeurs vineuses répandues dans les celliers et des vapeurs carboniques des ateliers et des mines; 5° l'ivresse causée par les vins chargés de ce gaz est prompte et dure peu: elle ressemble beaucoup à la somnolence occasionée par les narcotiques. L'ivresse produite par les vins faits et généreux est plus lente à se manifester et dure aussi plus long-temps. Cette ivresse est probablement causée par un autre principe que le gaz carbonique, peut-être par l'alcool que ces vins contiennent en grande proportion: ainsi on pourrait, d'après ces faits, établir plusieurs espèces d'ivresses, une ivresse narcotique (occasionée par le gaz carbonique), et une ivresse excitante (occasionée par l'alcool ou l'esprit de vin).

On a imaginé divers moyens pour prévenir l'ivresse. L'améthyste, espèce de crystal violet, a été vantée par les anciens comme un moyen infaillible, probablement à cause de sa couleur : son nom veut dire sans ivresse (αμεθυστος, d'α, sans, μεθυειν, être ivre). Le cabinet des médailles renferme un grand nombre de ces gemmes gravés aux emblèmes de Bacchus. Les anciens ont encore préconisé les amandes amères, l'ail, le laurier ; on a recommandé, depuis que l'on a reconnu la presque-nullité de ces moyens, le café, l'éther, l'huile et l'ammoniaque : : aucune de ces substances ne peut prévenir l'ivresse. Mais quelle nécessité de boire au delà du besoin ! quelle est l'utilité, le but de cet excès ! Quelques uns, tels que le café, l'huile, l'éther, l'ammoniaque, et même le suc de l'oignon, aident à la dissiper. Le meilleur, sans doute, est l'usage d'une grande quantité d'eau sucrée, le repos dans un lieu frais, et surtout le sommeil. L'ivresse, que les moralistes ont si souvent blâmée, est, quand elle est modérée, un moyen puissant d'exciter les passions et d'enflammer le génie. Un homme d'esprit ne s'enivre que pour être tout entier au charme qui l'entraîne, soit qu'il se livre à l'amitié, soit qu'il cultive les muses ; à table, il s'anime bientôt de cette douce chaleur, si féconde en saillies, en pensées brillantes ou profondes, et que couvrent d'applaudissemens la gaîté et l'admiration des convives; dans son cabinet, au sein des muses, son âme se livre plus entière à leurs douces leçons; Anacréon lui paraît plus tendre, Properce plus amoureux, Virgile plus passionné, Pindare plus enthousiaste. Que trouve-t-on à reprendre dans ces innocentes débauches? Ne sont-elles point la source où Santeuil, où Rousseau, puisèrent leurs divines inspirations! Un esprit à la diète peut-il produire autre chose que des complaintes et des homélies!...

L'ivresse portée à l'excès ressemble à ces passions brutales que réprouve la société et qu'elle repousse de son sein; elle est en général le défaut des personnes sans éducation et sans mœurs. L'ivrogne a perdu son rang parmi les hommes : c'est un être dégradé, toujours hors de son bon sens, comme il est hors de sa route, et qui, habitué à une excitation factice, tombe de cet état dans une stupidité incurable.

L'homme brut, celui que la civilisation n'a

point atteint, s'abandonne à l'ivresse. Les voyageurs nous représentent tous les peuples sauvages enclins à ce vice. L'homme poursuivi par l'adversité cherche dans l'ivresse l'oubli de ses malheurs; le vieillard s'y abandonne quand chez lui toutes les sensations s'éteignent, et que tout ce qui l'environne le délaisse. On voit tous les jours des personnes qui, trompées dans leurs affections les plus chères, cherchent à s'étourdir par divers excès, et qui se plongent dans la boisson comme dans un fleuve d'oubli. L'amour, cette passion si forte et si opiniâtre, cède à l'ivresse, et s'éteint par elle : on est peu propre aux combats d'amour quand on s'abandonne sans réserve au dieu du vin. Buvez peu, vous aimerez davantage ; buvez beaucoup, vous n'aimerez plus. Ainsi, loin de défendre les excès aux personnes qui se condamnent à une perpétuelle chasteté, je leur conseille ces excès comme un moyen infaillible d'éteindre l'aiguillon de la chair, et d'étouffer la luxure. (1)

___

(1) On a souvent reproché aux gens d'église de boire

L'abus du pouvoir, l'oubli de toutes les convenances et de tous les devoirs, l'impunité dans le crime, les remords ou l'anéantissement de toute sensibilité, qui en sont la suite, ont souvent conduit l'homme blasé et flétri jusqu'à ce dernier degré d'avilissement et de turpitude. Quel exemple nous offre l'histoire dans ce héros ambitieux, dont les projets embrassent l'univers, incendiant, au milieu d'une orgie, la capitale des Perses ; faisant mourir Clytus, et, peu de temps après, achevant de

---

avec excès : ce reproche n'est ni selon la raison ni selon la justice. Je pourrais y opposer des argumens physiologiques très-péremptoires, et faire ici taire la médisance. Les anciens, puisqu'ils ont presque tout connu et tout dit avant nous, les anciens excusaient, s'ils ne favorisaient l'ivresse des prêtres qui goûtaient, dans le temple même, le vin offert aux dieux. C'est ce vin d'offrande qui fut appelé depuis *vin théologal, unde nunc theologicum dicunt vinum ;* vin excellent et plein de feu, vin béni, vin dont peut se reconforter un ecclésiastique, même avant l'office divin, sans scrupule, sans transiger avec sa conscience ; à cause de cet adage, reçu en droit canon, que ce qui est liquide ne rompt pas le jeûne, *liquidum non frangit jejunium.* Le vin, étant d'ailleurs une liqueur sanctifiée, doit être affranchi de tout empêchement

flétrir ses lauriers en périssant lui-même à la suite d'une débauche crapuleuse! Rome compte un grand nombre de personnages débauchés et adonnés à l'ivrognerie parmi ceux qui occupaient les premières charges de l'empire. Les maîtres donnaient l'exemple, et les mauvais exemples des maîtres conviennent toujours à la bassesse des courtisans. Tibère fut un de ces ivrognes les plus renommés, et son nom de *Tiberius* fut changé en celui de *Biberius*; le nom de Néron (*Nero*), monstre

---

et de toute proscription. Je vais citer deux argumens en faveur du vin, et qui suffiraient pour faire triompher cette liqueur. Saint Augustin, qui connaissait parfaitement l'âme et ses inclinations, affirme qu'étant tout esprit, elle ne peut pas habiter dans le sec (*Anima certe quia spiritus est, in sicco habitare non potest*). Or, pour humecter sa demeure, il est évident qu'il faut boire. Le second argument, tout victorieux en faveur du vin, est celui d'un vénérable abbé de Cluny, qui disait, avec infiniment d'esprit et de sens, que, le vin étant en trop grande quantité pour ne servir qu'à dire des messes, et en trop petite quantité pour faire tourner les moulins, il fallait donc le boire.

> Et de chantres buvant les cabarets sont pleins.
>
> BOILEAU, Lutrin.

à qui ce seul vice eût manqué, fut changé en celui de *Mero*, surnom de Bacchus. Le courtisan Novellus Torquatus, pour plaire au premier de ces tyrans, buvait tout d'un coup, au rapport de Pline, trois conges de vins (neuf pintes). Le parasite Officius Bibulus, un des plus déterminés buveurs de Rome, fit dire de lui : *Dum vixit, aut bibit, aut minxit,* phrase qu'il n'est pas décent de traduire. Enfin Denis, suivant le rapport de Plutarque, accordait une couronne au convive qui, admis à sa table, buvait le mieux.

Les législateurs prononcèrent contre l'ivrognerie des peines très-sévères : Pittacus de Mitylène faisait punir doublement les fautes commises par l'homme dans cet état; Lycurgue fit arracher la vigne aux environs de Sparte, et, selon Plutarque, faisait enivrer des esclaves et les faisait huer par le peuple, afin de lui inspirer l'horreur de cet état. Une loi de Dracon punissait de mort l'ivrognerie : cette loi barbare et inhumaine fut bientôt abrogée chez un peuple trop léger et trop ami des plaisirs pour ne pas l'enfreindre à chaque instant. Les Athéniens, parvenus à un plus haut degré de civilisation,

livrèrent à sa propre honte et au mépris toute
personne intempérante (1), exemple suivi depuis par toutes les nations éclairées et dont
le code a été dicté par la philosophie et l'humanité. Nous vivons dans un siècle où les lumières de cette pure et bienfaisante philosophie pénètrent partout avec l'instruction, et
tendent, en éclairant les hommes, à les rendre
plus tempérans et plus sociables. C'est un traitement moral qu'il faut à l'ivrognerie, comme
à la plupart des affections mentales : il faut opposer à cette brutale passion des passions moins
funestes, et qui ne deviennent pas des habitudes incorrigibles; il faut lui opposer le travail, le ridicule et l'exemple, le charme d'une
société aimable et choisie, tous les moyens,
enfin, qui peuvent opérer une sage et puissante
diversion. Alexandre ne se livrait à la boisson
qu'au milieu des loisirs que lui laissait l'éton-
nant succès de ses entreprises; Pierre-le-Grand
passait des jours entiers dans ce genre de débauche, avant qu'il n'épousât l'aimable et spi-

---

(1) Voyez les *Philippiques* de Démosthènes.

rituelle Catherine. Hommes prudens, et vous qui vous méfiez de votre faiblesse, ayez toujours présent ce précepte d'Ovide :

> Certa tibi a nobis dabitur mensura bibendi :
>   Officium præstent mensque pedesque suum ;
> Jurgia præcipue vino stimulata caveto,
>   Et nimium faciles ad fera bella manus.

OVID., Ars amandi, lib. I.

PRODUITS DU VIN

DE L'EAU-DE-VIE ET DE L'ALCOOL.

En soumettant le vin à la distillation, on obtient une liqueur claire, limpide, d'une odeur forte et pénétrante, d'une saveur chaude et brûlante, s'enflammant quand on en approche un corps embrâsé : cette liqueur porte le nom d'eau-de-vie ou d'alkool.

Les anciens, qui avaient sur la fabrication du vin et sur sa conservation des idées exactes, ignoraient l'art d'en extraire l'eau-de-vie (1). Arnaud de Villeneuve, qui professait la méde-

(1) Ces anciens tant enviés manquaient d'un grand nombre de choses regardées de notre temps comme de première nécessité : ils n'avaient ni eau-de-vie, et par conséquent point de liqueur, ni sucre, ni café, ni chocolat, ni thé. César n'avait point de cheminée dans son palais, de glaces pour orner ses salons, point de vitres à ses fenêtres, ni de chemise pour s'habiller, ni de draps pour se coucher.

cine à Montpellier, au quatorzième siècle, fit cette découverte (1) qui a procuré à l'homme une liqueur incorruptible, une boisson et un médicament stimulans; qui a fait connaître aux arts, à la pharmacie et à la parfumerie, le meilleur dissolvant des résines, de l'arome des plantes; enfin un moyen infaillible de préserver de toute décomposition putride les matières végétales et animales.

Toutes les substances sucrées peuvent donner de l'eau-de-vie; il paraît même prouvé que la présence du sucre en est une condition essentielle. On en obtient du marc de raisin (eau-de-vie de marc), du vin (eau-de-vie de vin); de la bière, du cidre; des cerises (kirchenwasser, marasquino), des prunes (kœschwasser), des graines céréales (schnick), des baies de genièvre (eau-de-vie de genièvre), du suc de canne (rhum), de la mélasse (tafia), des fruits du palmier areca (rack), des pommes-de-terre, des betteraves, etc. La plupart de ces

----

(1) Quelques savans font remonter cette découverte au douzième siècle, au temps d'Albucasis et de Raymon-Lulle. Il est certain qu'à cette époque l'art de distiller était connu. J. Rubée et J.-B. Porta parlent de l'alcool.

eaux-de-vie ont une saveur d'empyréume ou de brûlé, qui les rend très-désagréables au goût, et qu'il est impossible de corriger, même par l'addition d'une grande quantité de sucre; mais depuis long-temps les amateurs ont pris leur parti, en regardant ce défaut comme une qualité, et en goûtant avec délice la saveur détestable de cuir roussi du rhum, et dix fois plus désagréable dans le tafia.

Le vin fournit l'alcool le plus pur, et l'eau-de-vie de la meilleure qualité. Plus le vin est généreux, plus l'eau-de-vie est abondante, et meilleure elle est : les vins de Canarie et d'Espagne en fournissent un quart, ceux de Bourgogne n'en donnent qu'un sixième, ceux de Champagne seulement un huitième, le cidre le plus spiritueux environ un dixième, la meilleure bière un douzième, la bierre ordinaire un seizième et un vingtième.

Avant que l'on ne mît l'alcool au nombre des boissons propres à l'homme, la pharmacie s'en était exclusivement réservé l'usage, et l'employait même rarement dans la composition des médicamens. L'usage du sucre n'était également, d'après Galien, connu que des seuls pharmaciens dans l'antiquité, et avant que cette substance, fournie en abondance par le transport de la canne de l'Inde aux Antilles, ne devînt un de nos premiers besoins domestiques : ainsi rien de plus juste que cette pensée d'un médecin, « que c'est par la boutique des apothicaires qu'ont passé bien des choses qui, de nos jours, servent habituellement à notre nourriture et à nos délices ».

Je n'entrerai dans aucuns détails relatifs aux ingénieux appareils inventés, depuis le commencement de ce siècle, pour distiller les vins: il suffit de citer MM. Adam et Bérard, C. Derosne et Blumenthall, pour exciter la reconnaissance des personnes qui aiment les arts, et qui s'intéressent vivement à la prospérité de leur pays.

Tous les vins fournissent de l'eau-de-vie, les blancs (1) comme les rouges; les vins sucrés en fournissent d'excellente. Les vins tournés donnent une eau-de-vie de mauvaise qualité; elle est également mauvaise quand elle provient

---

(1) On préfère les vins blancs : ils ont l'avantage de pouvoir être distillés aussitôt leur fabrication.

de vins faits avec des raisins verts ou de ceux recueillis par un temps humide.

On évalue la force de l'eau-de-vie et de l'alcool au moyen de *l'aréomètre* ou pèse-liqueur : cet instrument plongé dans l'eau distillée à la température de 10° Réaumur marque zéro ; l'eau-de-vie faible marque de 16 à 18° au-dessus de ce terme ; l'eau-de-vie dont on fait usage comme liqueur de table doit marquer 18 à 22° ; l'eau-de-vie double 22 à 32, l'alcool ou esprit de vin 32 à 42.

L'eau-de-vie renfermée long-temps dans les tonneaux dissout la matière colorante du bois et prend une teinte plus ou moins jaune ou ambrée : on imite cette couleur avec du caramel ou du safran.

Il y a plusieurs moyens fort simples pour reconnaître la force de l'eau-de-vie, quand on n'a pas d'aréomètre à sa disposition ; ces moyens consistent :

A enflammer un linge imbibé d'eau-de-vie : cette liqueur est bonne quand elle brûle le linge ;

A faire détonner de la poudre à canon imbibée de cette liqueur ;

A verser sur un verre d'eau-de-vie une goutte d'huile : plus cette huile s'enfonce, plus légère est la liqueur et meilleure elle est ;

A secouer les bouteilles contenant de l'eau-de-vie : plus tôt les bulles qui se forment à la surface disparaissent, et plus l'eau-de-vie à de qualités ;

A répandre sur la main un peu d'eau-de-vie : celle-ci se volatilise d'autant plus promptement qu'elle a de force et d'énergie.

Au delà de 25 degrés, l'eau-de-vie est beaucoup trop forte pour servir de boisson : elle porte alors le nom d'esprit de vin, et ne doit s'employer dans l'économie domestique qu'affaiblie par son mélange avec d'autres liquides. L'esprit de vin ne s'emploie que dans la pharmacie, pour la conservation des substances, la dissolution des résines et de quelques sels, la composition des éthers, etc.; et dans les arts, pour la préparation des vernis, la fabrication des thermomètres, etc., etc.

L'eau-de-vie est une liqueur stimulante, propre à exciter promptement les organes et à ranimer les forces. Elle est bienfaisante, et très-souvent utile, quand on en use modérément ;

mais l'abus de cette liqueur est très-dangereux; prise avec excès, elle détruit la sensibilité et la contractilité des organes, pervertit leurs fonctions, les jette dans la stupeur et les paralyse.

L'ivresse causée par l'eau-de-vie est bien plus désagréable et bien plus dangereuse que l'ivresse causée par le vin.

L'eau-de-vie des boutiques est presque toujours frelatée par le mélange de substances étrangères, sucrées ou aromatiques, telles que le sucre, la mélasse, le poivre, la canelle, l'anis, le fenouil, le capsique, le gingembre, etc.: il faut à la populace des liqueurs qui *chatouillent* le gosier, liqueurs que dans le langage des halles on appelle *rogome*. L'eau-de-vie de Cognac et la véritable eau-de-vie d'Andaye ne se rencontrent que sur les tables richement servies: partout ailleurs on imite ces liqueurs, et surtout la dernière, si remarquable par sa saveur de fenouil, en ajoutant à de l'eau-de-vie commune de l'eau distillée des graines de cette plante ou d'anis.

Les *liqueurs* ne sont que de l'alcool ou de l'esprit parfumé avec quelque drogue aromatique, et édulcoré ou adouci avec du sucre. Ces boissons, très-irritantes et très-enivrantes, sont d'autant plus dangereuses, que leur défaut est pour ainsi dire voilé par une saveur séduisante à laquelle il est bien difficile d'opposer une abstinence sévère et une sage réserve.

VINAIGRE.

———

Le vin fait, exposé quelque temps, à découvert, à une température de 18 à 20 degrés, passe à la *fermentation acétique*, et se change ou se tourne en vinaigre. On fait du vinaigre rouge ou blanc, suivant la couleur du vin. Ses caractères sont d'avoir une odeur acide et pénétrante, une saveur très - franche, moitié acerbe et moitié vineuse. La couleur rouge du vin s'altère et pâlit dans cette transformation.

Le vinaigre se forme naturellement dans les vins malades ou altérés; mais il vaut mieux, pour l'obtenir de bonne qualité, le préparer soimême; en voici la méthode : on verse dans un baril quelques litres de bon vinaigre bouillant; on laisse reposer huit jours dans une chambre tempérée à 18 à 20°; on soutire ce vinaigre, et on remplit le baril de vin qui tourne à l'aigre; la *mère* qui résulte du dépôt du premier vinaigre achève l'acidification du vin ; on remplace

par de nouveau vin le vinaigre que l'on soutire
pour son usage; on opère la clarification en
versant sur 5 à 6 litres de vinaigre un verre
de lait bouillant, et en agitant le mélange. On
conserve le vinaigre fait dans des bouteilles
bien bouchées, et plus sûrement encore en le
soumettant d'abord à l'ébullition du bain-marie, d'après le procédé de M. Appert.

Le vinaigre rouge, filtré au charbon, perd
entièrement sa couleur, et devient même plus
blanc que le vinaigre blanc ordinaire.

On obtient un vinaigre blanc très-actif en
le distillant; mais ce vinaigre est trop fort,
et prend presque toujours *un goût de feu* ou
d'empyréume très-désagréable.

Le vinaigre est un assaisonnement fort en
usage dans nos cuisines; on l'emploie pur ou
aromatisé : on l'aromatise avec la lavande, le
thym, l'estragon, le bacile ou criste marine
(*crythmum maritimum*, L.), les roses (vinaigre rosat), les fleurs de sureau nouvellement
épanouies (vinaigre surare), les fleurs de vigne,
le romarin, la sariette, la menthe, l'anis, la
badiane, la coriandre, les fleurs de tilleul, etc.,
en y faisant infuser ces plantes sèches et mon-
dées; on l'aromatise encore avec le suc de fram-

boise, avec l'ail, l'oignon, la civette (*Al. schœ-nopÿsum*, L.), le suc de citron, etc.

On falsifie le vinaigre en y ajoutant des aci-des minéraux, tels que le sulfurique, le mu-riatique : ce mélange peut avoir les plus graves inconvénients. On y ajoute encore du poivre, de la racine de pyrèthre, du capsique. On y trouve quelquefois du cuivre et du plomb, ré-sultans du séjour de cette liqueur dans des vases fabriqués avec ces métaux, ou bien provenans eds morceaux de cuivre ou des pièces de monnaie que l'on jette dans le vinaigre afin de donner une belle couleur verte aux cornichons et aux autres fruits qu'on y fait confire.

Depuis que la nature du vinaigre est mieux connue, on est parvenu à en faire d'excellent avec un grand nombre de substances étrangères à la vigne et au vin : avec de la bière, du ci-dre, du poiré, de l'hydromel, du malt de fro-ment, de l'orge, du seigle, du maïs, le lait, la sève des végétaux (vinaigre de bois,) etc. C'est cette dernière substance qui fournit le vinaigre le plus communément employé aujourd'hui dans les arts, et même dans les cuisines de Paris.

L'acide acétique pur obtenu par la distilla-tion du vinaigre de vin a une saveur pénétrante,

et rougit fortement les couleurs bleues végétales; il se volatilise sans se décompos^{er}, et
répand en brûlant une odeur aromatique toute
particulière.

On obtient l'acide acétique très-concentré
par la distillation de l'acétate de cuivre : c'est
le vinaigre radical (1) (esprit de Vénus, acide
pyro-acétique), acide le plus concentré, le
plus suave, et jouissant de toutes les qualités
qui le caractérisent dans son état de pureté;
c'est un liquide clair, limpide, d'une odeur et
d'une saveur piquantes et pénétrantes.

Le vinaigre est légèrement tonique et astringent; il augmente le ton des organes digestifs

---

(1) Tous les vinaigres sont de *l'acide acétique* plus ou
moins pur. On est convenu d'appeler le vinaigre mélangé
de parties aqueuses *acide acétique affaibli*, et le vinaigre
purifié par la distillation, *acide acétique concentré*.

On retire également de l'acide acétique très-pur de
l'acétate de plomb. — Voyez le *Journal de Pharmacie*,
3ᵉ année.

Les meilleurs vinaigres sont ceux d'Orléans. Ceux que
l'on vend à Paris sont souvent allongés avec le poivre-long
et le pyrèthre; ils enflamment la bouche, et n'ont pas
une saveur franche. Les Anglais préparent un vinaigre
dont l'odeur est extrêmement pénétrante: on présume
qu'ils y font dissoudre quelque huile essentielle.

et de l'appareil urinaire. Il favorise la sécrétion des membranes muqueuses ; mais il faut alors l'administrer étendu dans beaucoup d'eau , car il produit toujours l'astriction quand il est pur ; il irrite très-promptement le poumon, et occasione la toux, et même l'hémoptysie ou crachement de sang. On donne le vinaigre comme rafraîchissant dans les fièvres bilieuses et les fièvres putrides , sous forme de sirop ou d'oxymel. Dans les dyssenteries adynamiques, on l'administre quelquefois en lavement comme astringent ; il faut apporter dans cette administration beaucoup de prudence: il peut occasioner de violentes coliques et une espèce de cholera-morbus.

Le vinaigre est un assaisonnement très-usité ; mais son abus fatigue l'estomac , dérange la digestion et cause l'amaigrissement.

Le vinaigre donné à petite dose agit comme antispasmodique , arrête le hoquet et les vomissemens nerveux.

A l'extérieur on l'emploie comme résolutif, en en dirigeant la vapeur sur les engorgemens chroniques et scrophuleux ; sur les parois du larynx, et sur les bronches, pour favoriser l'expectoration ; on applique sur les tumeurs indolentes et sur les entorses de l'eau froide mêlée avec un tiers de vinaigre : on appelle ce mélange *oxycrat*; on applique également des compresses baignées dans ce mélange froid sur le bas-ventre des femmes qui éprouvent des pertes, immédiatement après leur délivrance; on en injecte même dans l'intérieur du vagin et de la matrice.

Le vinaigre est un des meilleurs antiseptiques. Les moissonneurs devraient toujours en aciduler l'eau qu'ils boivent, et qui est souvent altérée par la chaleur et par la présence des matières végétales et animales en putréfaction : l'eau acidulée ainsi calme plus complétement et plus long-temps la soif. On doit répandre du vinaigre partout où il existe des miasmes putrides et contagieux, dans tous les lieux qui renferment un grand nombre de personnes, dans les navires, les ateliers, les hôpitaux, les prisons. Il ne suffit pas de brûler du vinaigre sur des pelles de fer rougies : il faut en arroser les appartemens, l'y répandre par flots, comme j'ai coutume de le faire pratiquer toutes les fois que je suis appelé près d'un malade affecté d'adynamie.

On détruit les miasmes pestilentiels des substances et des lettres qui arrivent par le commerce des pays étrangers où régnent la peste ou d'autres maladies contagieuses, en les plongeant dans le vinaigre.

On fait respirer la vapeur du vinaigre radical (acide acétique concentré) dans la syncope et l'asphyxie ; on en arrose des crystaux de sulfate de potasse (sel de vinaigre), et on les enferme dans des flacons : on peut en modifier l'odeur vive et pénétrante en y ajoutant quelques gouttes d'huile essentielle de gérofle, d'anis ou de lavande.

L'usage du vinaigre est très-étendu en pharmacie : on en prépare un sirop (*oxysacharum*) en faisant fondre au bain-marie deux parties de sucre et une de vinaigre ; et un *oxymel*, en faisant cuire ensemble, sur un feu doux, deux parties de vinaigre et quatre parties de miel. Ce dernier médicament, simple et économique, est un des meilleurs à opposer aux fièvres putrides et contagieuses.

Le vinaigre, en agissant sur des substances végétales et animales, se charge de plusieurs de leurs principes ; il modifie et altère la vertu de quelques substances, celles de la scille, du colchique, de l'opium, etc. On prépare dans les pharmacies les vinaigres rosat, de framboise, de lavande, de scille, le vinaigre thériacal, camphré, dentifrice, astringent, antiscorbutique, et le vinaigre antiseptique des quatre-voleurs.

La dose du vinaigre est de deux à trois onces pour une pinte d'eau, une cuillerée de sirop pour un verre ; une cuillerée à café de cet acide pur est suffisante pour calmer les spasmes, pour arrêter le hoquet et les vomissemens nerveux les plus opiniâtres.

VINUM BURGUNDUM.

CAMPANIA VINDICATA.

La première de ces deux pièces de vers, d'une très-pure latinité, parut en 1707 ou 1708; elle eut un tel succès qu'on la réimprima plusieurs fois dans la même année. Ce ne fut qu'en 1712 que l'on imprima la réplique, qui est d'une diction non moins pure et non moins poétique. La traduction en vers de ces deux morceaux est de B. de La Monnoye, poète français, mort en 1728.

VINUM BURGUNDUM.

ODA.

Testa, Burgundo gravidam liquore
Quam Jocus circumvolat, et nitenti
Sanitas vultu rubicunda, et insons
    Risus, Amorque;

Te canam fandi celebrem magistram.
Tu potes tardos homines docere,
Improbus quos vix labor eruditas
    Fingat ad artes.

Te fugit nigra truculenta fronte
Cura. Quos urgens rigidis Egestas
Obligat vinclis, tua, vi potente,
    Pocula solvunt.

Anxio surgit cibus apparatu;
Docta sed frustra manus elaborat
Splendidis dulcem dapibus saporem,
    Ni comes adsis.

Nam suum Rhemi licet usque Bacchum
Jactitent; æstu petulans jocoso,
Hic quidem fervet cyathis, et aura
    Limpidus acri.

LE VIN DE BOURGOGNE.

ODE.

Chère feuillette bourguignonne,
Qui loges dans ton sein la vermeille santé,
Les plaisirs innocens, la douce liberté,
    que d'amours badins une troupe environne,

Je veux te consacrer ces vers.
C'est toi qui d'un muet peux faire un Démosthène;
Qui peux à l'idiot, sans étude et sans peine,
Donner en un instant mille talens divers.

On voit des soins la noire engeance
Disparaître à l'aspect de ton jus enchanteur,
Et le pauvre, que presse un rude collecteur,
Perdre le souvenir de sa triste indigence.

En vain la table offre des mets
D'un superbe appareil, d'une saveur exquise,
Si tu n'es du festin, le bon goût les méprise,
Et ne compte pour rien leurs somptueux apprêts.

Jusqu'aux cieux la Champagne élève
De son vin pétillant la riante liqueur.
On sait qu'il brille aux yeux, qu'il chatouille le cœur,
Qu'il pique l'odorat d'une agréable sève.

Vellicat nares avidas; venenum
At latet; multos facies fefellit.
Hic tamen mensa modico secundam
    Munere spargat.

Tu senum nutrix, querulos benigno
Lacte titillas, refovesque alumnos.
Ut valens per te redit in caduca
    Membra juventa!

Vatis effœtam male si reliquit
Igneus mentem calor, atque vena
Ingeni, dives modo quæ fluebat,
    Si pigra torpet,

Tu Caballino melior fluento
Suscitas Musam residem, et vigentes
Spiritus, grandique pares cothurno
    Fortior afflas.

Quid ciet dirum tuba rauca bellum?
Plus scyphi prosunt. Ferus inde miles
Hauriat robur : peritura siccus
    Vix trahit arma.

Sed datum Marti satis est cruento.
Aptior ludis simul et choreis
Evoca lentam, bona Testa, fausto
    Nectare pacem.

Nunc beant unctas tua dona cœnas.
Mox et in pagis resupina pubes
Tædium belli tibi tradet amplis
    Mergere trullis.

Mais craignons un poison couvert :
L'aspic est sous les fleurs. Que seulement, par grâce,
Quand Beaune aura primé, Reims, occupant sa place,
Vienne légèrement amuser le dessert.

A toi, dont je chante la gloire,
Nourrice des vieillards, pleine du lait divin
Qui réchauffe le sang et bannit le chagrin,
Chère tonne! à toi seule appartient la victoire.

Lorsque, par les ans refroidi,
On n'a plus ce beau feu que la jeunesse inspire,
Que, propice autrefois, Apollon se retire,
Et que, comme le corps, l'esprit est engourdi,

De l'âge, mieux que l'Hypocrène,
Tu guéris, vrai nectar, l'importune froideur;
Et, soufflant au poète une soudaine ardeur,
Du Sophocle glacé tu ranimes la veine.

Mieux que trompettes et tambours
Tu ferais au soldat affronter les alarmes;
Lui, qui languit à jeûn sous le poids de ses armes,
Ne le sentirait pas, aidé de ton secours.

Mais, loin d'exciter à la guerre,
Toi qui cherches plutôt les danses et les jeux,
Sollicite la paix, lente au gré de nos vœux,
De ne plus différer le repos de la terre.

Déjà, par tes soins empressés,
Le financier t'appelle à sa table superbe,
Et déjà nos bergers vont, étendus sur l'herbe,
Noyer au fond des pots tous leurs ennuis passés.

Noxio lædat stomachum Lyæo
Præla quem passim subigunt, racemus;
Hic gravet nervos, caput angat ille
    Perfidus hospes.

Tu subis nervis capitique sana,
Nec levat tristes medicina morbos,
Ut latex pellit tuus, innocentis
    Filius uvæ.

Somnus aversa fugitivus ala
Nil preces curat levis obstinatas :
Fuderis rorem, revolabit imbre
    Udus amico.

At verecundi violare leges
Liberi nobis scelus esto; teque
Speret haud æquam tua qui proterve
    Munera tractat.

Perge vitali, pia Testa, succo
Principis corpus vegetum tueri,
Salva quo salvo bene temnat omnes
    Gallia casus.

Vina sic, quæ fert ubicumque tellus,
Victa decedant tibi, regiæque
Audias mensæ decus, et salutis
    Optima custos.

Benignus Grenan, Burgundus, Huma-
nitatis professor in Harcurio.

Qu'ailleurs Bacchus, hôte infidèle,
De nuages fâcheux occupe le cerveau ;
Qu'il mine ailleurs les nerfs, lent et secret bourreau,
Ou livre à l'estomac une attaque cruelle :

De toi coule un jus précieux,
Doux aux nerfs, à la tête, ami de la poitrine,
Et merveille surtout rare en la médecine,
Remède en même temps sûr et délicieux.

— Le sommeil, sourd à nos prières,
S'enfuit-il loin de nous, attendu vainement ?
Ce dieu, si nous prenons de son sirop charmant,
Viendra de ses pavots humecter nos paupières.

Mais tout buveur doit se régler :
Du modeste Bacchus c'est la loi la plus belle.
Tu veux qu'on la respecte, et malheur au rebelle
Dont l'indigne attentat ose la violer.

Veille toujours, aimable tonne,
Veille à fortifier la royale santé,
Afin que, sous Louis, la France en sûreté
Puisse dompter enfin les fureurs de Bellone.

Ainsi, d'une commune voix,
Ton vin, qu'en ses coteaux la Bourgogne vit naître,
Des vins les plus fameux soit reconnu le maître,
Utile aux jours du prince et digne de son choix.

CAMPANIA VINDICATA.

ODA.

Huc te, Remensi nata solo, tui
Poscunt honores, nobilis Amphora;
   Adesto, Campanoque vires
    Adde novas animosa vati.

Men' gratus error ludit, an intimis
Gliscens medullis insinuat calor,
   Venisque conceptus sonantes
    Se liquor in numeros resolvit?

Quantum superbas vitis, humi licet
Prorepat, anteit fructibus arbores;
   Tantum orbe quæ toto premuntur
    Vina super generosiora

Remense surgit. Cedite Massica,
Cantata Flacco, Silleriis; neque
   Chio remixtum certet audax
    Collibus Aïacis Falernum.

Cernis micanti concolor ut vitro
Latex in auras, gemmeus aspici,
   Scintillet exultim; utque dulces
    Naribus illecebras propinet

LE VIN DE CHAMPAGNE VENGÉ.

ODE.

Chère hôtesse d'un vin qu'on ne peut trop priser,
D'un vin qui doit à Reims, comme moi, sa naissance,
Bouteille, à mon secours! J'entreprends ta défense:
Pour ton propre intérêt, viens me favoriser.

Est-ce un songe? O merveille! une douce manie
Chez moi', dans ce moment, au gré de ta liqueur,
Répand de veine en veine une douce vigueur,
Et forme de ces vers la nombreuse harmonie.

Autant que, sans porter sa tête dans les cieux,
La vigne par son fruit est au-dessus du chêne,
Autant, sans affecter une gloire trop vaine,
Reims s'empare des vins les plus délicieux.

Qu'Horace du falerne entonne les louanges,
Que de son vieux massique il vante les attraits:
Tous ces vins si fameux n'égaleront jamais
Du charmant Sillery les charmantes vendanges.

Aussi clair que le verre où la main l'a versé,
Les yeux les plus perçans l'en distinguent à peine.
Qu'il est doux de sentir l'ambre de son haleine,
Et de prévoir le goût par l'odeur annoncé!

Succi latentis proditor halitus;
Ut spuma motu lactea turbido
   Chrystallinum blando repente
      Cum fremitu reparet nitorem?

Non hæc inerti, non male fervido
Sapore peccant pocula; nectare
   Tam blandiuntur delicato
      Quam liquido placuere vultu.

Non hæc, malignus quidlibet obstrepat
Livor, nocentes dissimulant dolos
   Leni veneno. Vina certant
      Ingenuos retinere gentis

Campana mores. Non stomacho movent
Ægro tumultum, non gravidum caput
   Fuligine infestant opaca,
      Didita sed facili per omnes

Flexus meatu, nec mala renibus
Tristis relinquunt semina calculi,
   Nec pœnitenda segniores
      Articulos hebetant podagra.

Ergo ut secundis (parcere nam decet
Raro liquori) se comitem addidit
   Mensis renidens Testa, frontem,
      Arbitra lætitiæ, resolvit

Austeriorum. Tunc cyathos juvat
Siccare molles; tunc hilaris jocos
   Conviva fundit liberales;
      Tunc procul alterius valere

D'abord à petits bonds une mousse argentine
Étincelle, pétille, et bout de toutes parts;
Un éclat plus tranquille offre ensuite aux regards
D'un liquide miroir la glace cristalline.

Ce vin, dont l'aspect seul enchante le buveur,
N'est pas d'un bourgeon faible une humeur froide et crue
Autant que la couleur en réjouit la vue,
Autant en plaît au goût l'agréable saveur.

Taisez-vous, envieux, dont la langue cruelle
Veut qu'ici sous les fleurs se cache le venin;
Connaissez la Champagne, et respectez son vin,
Qui des mœurs du climat est l'image fidèle.

Mais ce jus, qu'à grand tort vous osez outrager,
De nuages fâcheux ne trouble point la tête,
Jamais dans l'estomac n'excite la tempête :
Il est tendre, il est net, délicat et léger.

Il s'ouvre dans les reins une facile route;
Il n'y fait point germer le sable douloureux;
Il n'y prépare pas, séducteur dangereux,
Par l'attrait du plaisir le tourment de la goutte.

Vers la fin du repas, à l'approche du fruit
(Car on doit ménager une liqueur si fine),
Aussitôt que paraît la bouteille divine,
Des Grâces à l'instant l'aimable chœur la suit.

Parmi les conviés s'élève un doux murmure;
Le plus stoïque alors se déride le front.
Beaune alors cède à Reims, et, confus de l'affront,
Cherche, loin du buffet, une retraite obscure.

Viles Lyæi relliquias jubet
Fastidiosus. Non meritas tamen
 Burgunda laudes invidebo
  Testa tibi, modò, te secunda,

Regnet remensis. Tu reficis gravi
Exsucca morbo corpora; languido
 Tu rore solaris caducam
  Mitior et refoves Senectam.

Nam quod severas eluis efficax
Curas, quod addis robora militi,
 Hoc et popinis hausta passim
  Vappa sibi decus arrogabit.

Vos, ô Britanni (fœdera nunc sinunt
Incœpta pacis) dissociabilem
 Tranate pontum. Quid cruento
  Perdere opes juvat usque Marte?

Lætis Remensem quam satius fuit
Stipare Bacchum navibus, et domum
 Auferre funestis trophæis
  Exuvias pretiosiores!

At qui procaci carmine munera
Campana vellit, Neustriaco miser
 Limo, vel acri fæce guttur
  Yvriaci recreet rubelli.

Offerebat civitati Remensi
C. Coffin, anno 1712.

Equitable censeur, je veux bien, toutefois,
Bourgogne, t'accorder l'estime qui t'es due,
Pourvu qu'à l'avenir une honte ingénue
Te force à rendre hommage au nectar champenois.

Mère des vins moelleux , c'est toi, je le confesse,
Qui des traits languissans corriges la pâleur;
Qui, versant dans le corps une douce chaleur,
Sais égayer ensemble et nourrir la vieillesse.

Mais ne crois pas te faire un mérite éclatant
D'ôter au laboureur le souci de sa taille,
D'animer le soldat sur le champ de bataille :
Un simple vin de Brie en ferait tout autant.

O vous! puisque le Ciel, par un heureux présage,
De la paix aujourd'hui nous promet le retour,
Anglais, de vos schellings hâtez-vous, dès ce jour,
De venir dans nos ports faire un meilleur usage.

Au lieu d'avoir conduit si loin tant de guerriers,
Disposé tant d'assauts et formé tant de ligues,
Hélas! à moindres frais, des trésors de nos vignes
Vous pouviez, sans périr, enrichir vos celliers!

Ciel! fais que désormais, puni de sa folie ;
Quiconque insultera l'honneur du Sillery,
N'abreuve son gosier d'autre vin que d'Ivri,
Ou d'un cidre éventé ne suce que la lie.

PENSÉES, PROVERBES ET SENTENCES

SUR LE VIN.

LA VÉRITÉ DANS LE VIN; *In vino veritas ;* Εν οινω αληθεια, proverbe grec.

L'Écriture Sainte défend le vin aux rois, parce qu'il n'est pas de secrets que cette liqueur ne fasse découvrir, pas de vérité qu'elle ne mette au jour. Ce proverbe conviendrait mieux aux courtisans, habitués à mentir et à tromper les princes en flattant leurs vices.

On obtiendrait plus d'aveux des hommes en les faisant boire qu'en les tourmentant par des supplices, parce que l'esprit enchaîné par l'ivresse n'est plus maître de lui-même : *Non est animus in sua potestate, ebrietate devinctus* (SÉNÈQUE); et d'après cette pensée d'Horace :

> Tu lene tormentum ingenio admoves
> Plerumque duro; tu sapientium

Curas et arcanum jocoso
  Consilium retegis Lyæo.

Cicéron dit que la vérité sort infailliblement de la bouche des enfans, de ceux qui
rêvent, des fous, des imprudens, et de ceux
qui sont ivres.

Ce qui est dans le cœur de l'homme à jeûn
est dans la bouche de l'homme ivre. (Sentence
de Théognides.)

Les anciens ont placé la vérité au fond
d'un puits : que ne la logeaient-ils dans un
tonneau ! Ont-ils craint l'incompatibilité d'humeur ?

Ingrediente vino, egreditur veritas.

       (PROV. LAT.)

Où entre le vin, la vérité en sort.

———

A BON VIN POINT D'ENSEIGNE; *Vino ven-
dibili suspensa hœdera nihil opus.*

La vertu n'a pas besoin de prôneurs, pas
plus qu'une bonne comédie de claqueurs à
gages. C'est un usage fort ancien que celui
d'annoncer un cabaret par une couronne ou
par un bouquet de verdure (bouchon ou buis-
son). Ce proverbe est applicable à toute per-

sonne qui se donne beaucoup de peine pour débiter sa marchandise. Il est certains titres d'ouvrages littéraires qui pourraient être justement comparés à une enseigne de cabaret.

———

Vinum lætificat cor hominum : le vin réjouit le cœur de l'homme. (*Ecclésiate.*) On trouve ce proverbe dans Homère. (*Odyssée,* II.)

———

Comede in lætitia panem tuum et bibe cum gaudio vinum tuum, quia Deo placent opera tua : use avec joie des dons de la Providence : c'est un moyen de lui être agréable. (*Ecclés.*)

———

Luxuriosa res vinum, et tumultuosa ebrietas : le vin bu avec excès porte à la luxure et provoque les querelles. (Proverbe de Salomon.)

———

Le vin manque de gouvernail : τον οινον ουκ εχει πηδαλια. (Proverbe grec.) Ovide a dit dans le même sens :

Nox et amor vinumque nihil moderabile suadent;
Illa pudore vacat, liber amorque metu.

———

Magnum hoc vitium vino est, pedes cap-
tat primum; luctator dolosus est. (PLAUTE.)

Le vin saisit par les pieds; c'est un luteur
perfide.

———

Le vin force, même les vieillards, à dan-
ser, et les hommes sages à déraisonner. (Prov.
grec.)

Ce n'est pas seulement la vieillesse, dit Platon, qui fait naître dans l'homme une seconde
enfance, mais encore l'ivresse. (PLAT., liv. *des*
Lois.)

C'est maintenant qu'il faut boire, maintenant qu'il faut danser.

> Nunc est bibendnm, nunc pede libero
> Pulsanda tellus.
>   HORAT.

Esclave, remplis ma coupe de vin : je suis
vieux, eh bien, je danserai à la Silène. (ANAC.,
liv. I, od. XXXVIII.)

Toutes ces citations expriment la même
vérité.

Ce proverbe me rappelle un singulier distique de Daniel Heinsius, célèbre professeur
allemand, dans lequel le placement des mots

et leur répétition peignent très-bien la marche vacillante d'une personne ivre ; le voici :

Sta pes, sta bone pes, sta pes, ni labere mi pes ;
Sta pes, aut lapides hi mihi lectus erunt.

————

IL FAUT, DANS LE COURANT DU MOIS,
S'ENIVRER AU MOINS UNE FOIS.

C'est à tort que l'on attribue ce précepte à Hippocrate ou à Galien. Ces graves auteurs recommandent seulement de ne point s'astreindre à des habitudes trop régulières, et de ne point s'abandonner à une vie trop efféminée ; mais de passer alternativement du travail au repos et du repos au travail, du chaud au froid, de la continence à l'incontinence, de l'abstinence aux excès, de secouer en quelque sorte l'économie pour augmenter son ressort. Celse a fait de ce précepte un tableau très-éloquent. Voici comment s'exprime cet élégant écrivain :

Sanus homo, qui et bene valet, et suæ spontis est, nullis se obligare legibus debet ; ac neque medico, neque iatralepta egere. Hunc opportet varium habere vitæ genus ; modo ruri esse, modo in urbe, sæpiusque in agro ; navigare, venari, quiescere inter-

dum, sed frequentius se exercere ; siquidem ignavia corpus hebetat, labor firmat; illa maturam senectutem, hic longam adolescentiam reddit.

Prodest etiam interdum balneo, interdum aquis frigidis uti, modo ungi, modo id ipsum negligere; nullum cibi genus fugere quo populus utatur; interdum in convivio esse, interdum ab eo se retrahere; modo plus justo, modo non amplius assumere, etc. (CORN. CELSUS, de re Medica, lib. I.)

APRÈS LA SOUPE UN VERRE DE VIN,
C'EST FAIRE LA NIQUE AU MÉDECIN.

Il faut que l'homme soit en santé pour se conformer à ce précepte; et un homme en santé est un personnage très-peu interessant pour un médecin. Une soupe bien conditionnée et un verre de vin généreux font la meilleure partie d'un dîner. Quelques personnes ont l'habitude de mêler du vin au bouillon chaud : c'est une boisson détestable, mais des plus restaurantes. Le vin et le bouillon, pris séparément, font le même bien à l'estomac.

———

Vinum sit clarumque vetus, subtile, maturum ,
Ac bene lymphatum, moderamine sumptum.

(Schola Salertina.)

Pour être bon (le vin) qu'il soit clair, vieil, meur et subtil,
Pétillant, bien trempé, pris avecque prudence.

(Ancienne traduction.)

———

Vina probantur odore, sapore, nitore, colore.
Si bona vina cupis, quinque ista probantur in illis:
Fortia, formosa et fragrantia, frigida, frisca.

(Schola Salertina.)

L'odeur, saveur, couleur, la splendeur esclatante,
Font estimer les vins : les plus délicieux
Sont ceux dont la vapeur est douce et bien flairante,
Qui sont forts et bien frais, subtils et gracieux.

(Ancienne traduction.)

———

Si nocturna tibi noceat potatio vini ;
Matutina hora rebibas et erit medicina.

(Schola Salertina.)

Si le vin pris au soir te fait quelque nuisance,
Le vin pris au matin sera ton allégeance.

(Ancienne traduction.)

L'estomac étant fatigué par l'usage abusif du vin ou d'autres liqueurs spiritueuses, il devient très-préjudiciable d'en réveiller l'atonie par de nouveaux excès : c'est marcher dans

un cercle vicieux et préparer sa ruine. Encore
une fois, le meilleur remède contre l'inappé-
tence et le dégoût qui suit l'ivresse, c'est l'abstinence de toute boisson vineuse ; c'est l'eau
qui, dans cette circonstance seulement, mérite
l'épithète que lui a donnée Pindare, *de la
meilleure des choses*. (PINDARE, 1re olym-
piade.)

———

ON AIME A BOIRE EN TOUS PAYS : *nulla in
parte mundi cessat ebrietas*. (PLIN.)

———

*Pinta trahit pintam, trahit altera pintula pintam ;
Et sic per pintas nascitur ebrietas.*

Une pinte demande une autre pinte : ainsi
de pinte en pinte naît l'ivresse. Ce distique,
en très-mauvais latin, est un jeu de mots fort
original.

———

Pocula non lædunt paucula, multa nocent.

Boire peu fait du bien, boire trop est nuisible.

———

*Le vin est le fléau de la tristesse, la mère
des ennuis, le baston des vieillards, l'en-
nemi du mensonge et le père de la vé-*

rité. (Ancien commentaire sur l'école de Salerne. — 1549.)

Pluribus exhausto crescit sapientia vino,
Fitque Solon subito qui fuit ante Midas.
(Obsopœus, *de Arte bibendi.*)

La sagesse vient en buvant; Midas devient un Solon.

Aut nulla ebrietas, aut tanta sit ut tibi curas
Eripiat; si quæ est inter utrumque, nocet.
(Id.)

Que l'ivresse dissipe vos chagrins, ou ne vous enivrez pas.

Hoc non est gaudere, sed insanire, bibones;
Hoc equidem est vinum perdere, non bibere.
(Id.)

Boire avec excès, ce n'est plus gaîté, c'est folie; ce n'est pas boire du vin, c'est le perdre.

. . . . Dissipat Evius
Curas edaces.   (Horat.)

Bacchus dissipe les cuisans chagrins.

Quum bibo vinum, loquitur mea lingua latinum.

Quand je bois du vin, je parle latin, c'est-à-dire tout me paraît facile, ma langue se prête à tous les idiomes. Je crois que ce proverbe est de Juste-Lipse, un des plus savans et un des plus prolixes commentateurs des anciens.

———

Vin de l'étrier, ou *vin du départ.*

C'est le vin que l'on boit en se disant adieu, en se séparant, en montant à cheval ; c'est le vin dont le médecin permet l'usage à son moribond quand il en désespère.

———

Non est dithyrambus si aquam bibat.

Un buveur d'eau ne devient jamais poète.

On trouve dans Horace la même pensée :

Nulla placere diu, nec vivere carmina possunt,
Quæ scribuntur aquæ potoribus.

(Epist., lib. 1.)

Quel est l'homme, dit le même poète, que le vin ne rend pas éloquent ?

Fæcundi calices quem non fecere disertum ?

L'âme doit être fortement émue pour s'élever jusqu'à la sublimité de la poésie ; le vin lui inspire ses divins accens.

Cette liqueur inspiratrice, écrit Ovide dans son exil, cette nourriture, ce soutien des poètes, me manque.

Impetus ille sacer, qui vatum pectora nutrit,
  Qui prius in nobis esse solebat, abest.

———

Sine Baccho et Cerere friget Venus.

(TÉRENCE, *in Eunucho.*)

Sans pain et sans vin point d'amour. On ne pense guère à faire l'amour quand on est tourmenté par la faim et par la soif. Un amoureux que l'on met à la diète est bientôt désenchanté. L'amour fuit par la croisée quand la pauvreté entre par la porte.

———

Mettre de l'eau dans son vin, renoncer à l'arrogance, à l'orgueil, aux folles passions; et, dans le sens propre, jeuner, faire abstinence, pour diminuer l'excès d'embonpoint acquis en faisant trop bonne chère, et afin de prévenir ces brusques attaques d'apoplexie dont l'idée seule démonterait l'appétit le plus vorace, et ferait pâlir le gourmand le plus intrépide. Lesage raconte, dans son *Gilblas*, que le docteur Sangrado, devenu vieux, s'était tant soit peu relâché de la sévérité de ses principes, et qu'il mettait du vin dans son eau.

———

Vino namque suum nescit amica virum.

(Properce.)

La femme qui a bu ne connaît plus son mari.

Rien n'est plus hideux ni plus dégoûtant qu'une femme ivre; rien n'est en même temps plus ridicule. On fait à peine attention à un homme dans l'ivresse; une femme est huée, poursuivie, et accablée d'injures et d'outrages. On ne voit guère que celles que le libertinage a affranchies de toute pudeur se montrer en public dans cet état, et donner cet exemple du dernier terme de dégradation morale et d'avilissement.

La loi des Romains qui défendait le vin aux femmes n'avait rien de trop sévère pour le climat de l'Italie, et à une époque où la prospérité de l'État dépendait surtout de la bonté des mœurs. Denis d'Halicarnasse fait en effet observer que cette loi a singulièrement contribué à conserver les mœurs pures chez les Romains des premiers temps, parce que le vin fait couler dans les veines le feu de la débauche et de la luxure, et prépare le chemin de l'adultère. *Per ebrietatem salacitas transit.* (TERTULLIEN.) *Mulier ebriosa, ira magna et contumelia, et turpitudo illius non tegetur.* (ECCLÉS.)

CONCLUSION.

On doit conclure de ce que je viens d'é-
crire sur le vin que cette liqueur est vraiment
libérale; qu'elle n'inspire à l'homme que des
pensées généreuses et que le désir des bonnes
actions; qu'elle le porte à un noble désinté-
ressement, à l'amour de l'humanité et à toutes
les vertus. Le vin est l'ami des mœurs, qu'il
corrige, comme il repousse, dans le travail de
la fermentation, les corps étrangers qui altèrent
sa pureté. Un franc buveur a peu de défauts,
et n'a jamais de vices : quand il nuit, c'est
qu'on l'entraîne à mal faire en abusant de sa
confiance. Le vin est l'ami de l'égalité, de cette
égalité de l'âge d'or, que méconnaissent seules
la vanité et la sottise; l'ami de la liberté, le
premier comme le plus grand bienfait de la
nature envers l'homme. Mahomet, après avoir
étendu son empire par la force des armes et
par le prestige des miracles, tint ses peuples
plongés dans un abrutissement moral et dans

une honteuse obéissance, en leur permettant toutes les voluptés, et en leur défendant l'usage du vin. Domitien, craignant que les Gaules, impatientes du joug romain, ne se soulevassent, fit arracher les vignes de cette contrée.

Le vin est l'ami de la vérité, parce qu'il ne peut souffrir ni le mensonge ni la perfidie. *Il fait débonder les plus intimes secrets*, dit Montaigne avec son style énergique, et cette pensée est des temps les plus anciens. Voulez-vous connaître le caractère d'un homme, invitez-le à boire : vous ne tarderez pas à lire à travers cette fenêtre transparente, qu'un sage de l'antiquité désirait que la nature eût placée devant tous les cœurs. Refuse-t-il de se livrer, accepte-t-il vos offres avec tiédeur, soyez très-réservé à son égard. César ne redoutait rien tant que ces hommes à mines austères, taciturnes, ennemis des plaisirs ; et ce furent ceux-là qui le poignardèrent. Mais le vin tient sous sa bénigne influence tous les hommes liés par l'amitié et par la franchise. Plus de distance entre eux, plus d'insupportable orgueil, plus d'avilissante servitude, plus d'hypocrisie, plus de délations et plus de basses intrigues ; enfin, plus de crainte des lois, parce qu'un franc et

loyal buveur ne les offense jamais; plus de terreur
à la vue d'un tyran, que sa franchise intimide et
que son courage sait braver. Lui seul montre
un cœur généreux; lui seul sait marcher au
delà du devoir, et faire à la vertu des sacrifices
dignes d'elle; c'est pour lui seul enfin que sont
écrits ces vers, créés par la plus sublime poésie
et par la plus courageuse philosophie :

> Justum et tenacem propositi virum,
> Non civium ardor prava jubentium,
>   Non vultus instantis tyranni,
>   Mente quatit solida, neque auster
>
> Dux inquieti turbidus Adriæ,
> Nec fulminantis magna manus Jovis.
>   Si fractus illabatur orbis,
>   Impavidum ferient ruinæ.
>
> HORACE.

FIN.

TABLE.

FIN DE LA TABLE.

www.ingramcontent.com/pod-product-compliance
Lightning Source LLC
LaVergne TN
LVHW010957180726
843502LV00004B/1227